山野郊游图鉴

[日]松冈达英 著

程雨枫 译　计云 审订

江苏凤凰少年儿童出版社

山　野　郊

● 目录

游　图　鉴

●书中的数值均为参考值。

水田、旱地、流淌在田边的小河，
山脚下的杂树林和小森林，再到远处绵延的群山，
这是爷爷和爷爷的爷爷几辈人劳作并代代守护的故乡的景色。
走进山野，去邂逅大自然中的小生命吧！

1 野豌豆

豆科。小小的叶片左右交互生长，叶轴顶端伸出卷须。6月开出1～3朵形似蝴蝶的紫红色小花。把豆荚分成两瓣，取出豆子，就能做成哨子。

2 蛇莓

蔷薇科。细长的茎匍匐在地面，分枝处能生根，不断延伸壮大。小叶片呈卵形，3片一组。5～7月开出黄花。红色的果实可以食用，但大量食用可能对人体有毒害。生长在潮湿的环境中。

3 球序卷耳

石竹科。在田野周围很常见。高10～60厘米。茎和叶的表面覆盖着一层短短的柔毛。3～4月开出白色小花。

4 稻槎菜

菊科。"春之七草"之一，多出现在灌水前的稻田中。秋季发芽，冬季匍匐在地面，呈放射状，次年1～6月开出黄色的花。叶片柔软，几乎无毛。高约10厘米。

5 酸模

蓼科。高30～100厘米。又名"野菠菜"。5～7月，在茎的上部开出浅绿色或偏紫的绿色小花。茎颜色发红。茎可以吃，但味道酸。生长在田埂等处。

盛开在田埂上的花

6 繁缕

石竹科。常出现在耕作前的稻田中。从根部分出的很多根茎会匍匐在地面上。小小的叶片成对生长。5～6月会开出许多白花。高15～30厘米。

7 碎米荠 qi

十字花科。生长在休耕地、水道边缘、田埂等地方。2～4月开出有4片花瓣的白色小花。细长的果实长在花朵下方，到成熟时就会裂开。高15～30厘米。

8 紫云英

豆科。2～6月蝶形的紫红色小花围成一圈绽放。小小的椭圆形叶片以7～13片为一组。高10～30厘米。原产于中国，过去曾作为水田的肥料而被大量种植。

9 苦荬菜 mǎi

菊科。多出现在田埂和潮湿的路旁。从细长的茎上会长出根，根不断延伸壮大，仿佛是要紧紧抓住地面。叶子像小铲子。花和蒲公英很像，但茎更细，植株更高。高10～20厘米。

10 看麦娘

禾本科。多见于水田和旱地中。成长过程中根部会分出侧根。茎中空而柔软，叶片又细又长。穗子为细长的椭圆形。拔掉穗子后的叶鞘可以做成哨子吹着玩。高20～40厘米。

给田埂上的花写生

要记住植物的名字和特点，最佳捷径就是写生。在描绘植物的过程中，自然而然就会记住花瓣的数量、叶子的形状等特征。

快乐写生的诀窍

春天，很多野花会在田埂上绽放，先把你最感兴趣的植物画下来吧。可以画整株植物，也可以只画局部。如果不太会画，可以摘下一片叶子，用铅笔在纸上描出它的轮廓，也可以仔细观察叶子，一点一点地画。写生时，不妨记录下花瓣的数量、叶片的形态、观察日期、植物的气味等信息。画得不像也没关系，重要的是仔细观察过一种植物的经历，这种经历的积累有助于培养观察能力。

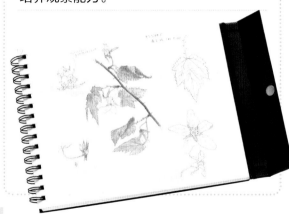

别乱跑，很危险！

哇，这里是花的海洋！

可不是！
不过，这些花不叫"杂草的花"，它们都有自己的名字。

仔细看的话，这些杂草的花还挺漂亮的。

真的呢！
它们都有自己的名字啊。

写生可以让你记得更牢哦。

把感兴趣的部分仔仔细细地画下来吧。

ji
荠菜

刻叶紫堇

花朵为黄色，直径 1.2 ～ 1.5 厘米。每朵花有 5 片花瓣，雄蕊数量很多。此外，萼片外侧生有硕大的副萼。

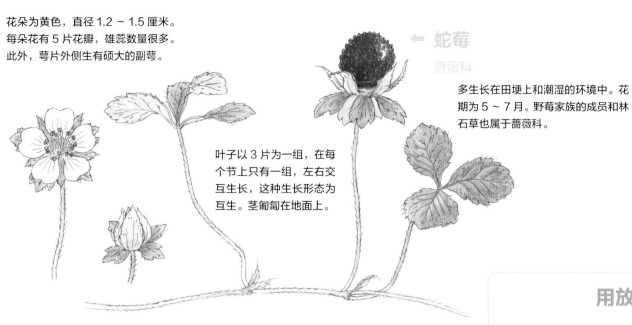

蛇莓
蔷薇科

多生长在田埂上和潮湿的环境中。花期为 5 ～ 7 月。野莓家族的成员和林石草也属于蔷薇科。

叶子以 3 片为一组，在每个节上只有一组，左右交互生长，这种生长形态为互生。茎匍匐在地面上。

繁缕
石竹科

常长在路旁和农田中。5 ～ 6 月开花。球序卷耳也属于这一科。

花朵呈星形。每朵花有 5 片花瓣（每片花瓣从基部裂开，因此看上去有 10 片花瓣）。叶子细长，呈椭圆形，边缘很平滑，生长形态为对生（每个节上左右各生出一片叶）。

花朵形似蝴蝶，聚集在一起组成花冠。一组叶子包括 7 ～ 13 片小叶，边缘没有锯齿。

豆科植物的一大特征是种子都被包裹在豆荚中。

用放大镜观察花

把花放在放大镜下，仔细观察花的结构，如花瓣、花萼、雄蕊、雌蕊等部分的数量和形状，就能大致判断出它属于哪一类植物。这里介绍几种具有代表性的花的科属和特征。

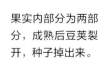

这一类植物的花都有 4 片花瓣，呈"十"字形排列，由此得名十字花科。

碎米荠
十字花科

生长在田埂上和休耕地中。花期为 2 ～ 4 月。荠菜、油菜、欧亚香花芥和山萮菜也属于十字花科。

果实内部分为两部分，成熟后豆荚裂开，种子掉出来。

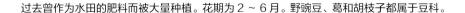

过去曾作为水田的肥料而被大量种植。花期为 2 ～ 6 月。野豌豆、葛和胡枝子都属于豆科。

紫云英
豆科

春季的
山菜

1 蜂斗菜

菊科。常见于山路旁。蜂斗菜的花芽可以食用，早春时发芽。叶柄可用来炖汤或炒菜。

2 薤白 ^{xiè}

百合科。集中生长在日照充足的地方。叶子可切碎用作香料，也可用盐水焯熟后凉拌。它的鳞茎又叫做薤白头，用味噌腌制后可以直接食用。建议只挖取较大的薤白头。

3 蕨菜

蕨类植物。春季到初夏期间长出新芽。将其放入锅中，加水烧开后放入一点小苏打，煮3分钟后关火，再放置一晚，就能去除涩味。从其地下茎中提取的淀粉是制作蕨菜糕的原料。

4 鸭儿芹

伞形科。多生长在比较潮湿的树林中和水田周围。带有伞形科植物特有的香气，3片小叶为一组，所以又叫"三叶芹"。早春到春末期间可以采来裹上面糊油炸，也可用盐水煮着吃。

5 荚果蕨

蕨类植物。生长在山上光线充足的草地上和潮湿的地方。展开后的叶片很像铁树的叶子。新芽的形状很像紫萁，但荚果蕨的新芽没有柔毛。食用前无须去除涩味。

6 水芹

伞形科。生长在有水的地方。长在小河边的水芹的茎细长，而长在水田间的水芹叶子很宽大。图中为长在小河边的水芹。

7 圆叶玉簪

百合科。大多生长在野生林、湿度大的悬崖和潮湿的草原等地。早春时长出嫩芽，可用小刀或镰刀挖出。涩味少，可直接烹饪。

8 土当归

五加科。常生长在山谷的陡坡上。挖出土当归，从根部切下新芽。食用时建议选取大的新芽，裹上面糊油炸。茎蘸着味噌食用味道更好。

9 紫萁

蕨类植物。生长在山的陡坡等地。嫩芽表面覆盖着一层白色或浅褐色的绒毛。常去除绒毛晾干后食用。

10 辽东楤木

五加科树木。常见于平地或开垦后的山林。早春时，枝头生出硕大的芽（楤木芽）。摘下 5～6 厘米长的楤木芽，可裹上面糊油炸，也可用黄油炒着吃。树枝上有刺，摘嫩芽时要小心。

山菜是大自然的馈赠

山菜是生长在山中的纯天然无农药蔬菜。
自古以来，山菜就是人们的宝贵资源。
特别是在严寒多雪的地区，
山菜还是报春的使者。
在冬季，人们都由衷地盼望着外出采摘山菜的日子快些到来。

来自大山的春日馈赠

山菜的味道和田里培育的蔬菜不同，别具野味，仿佛充分汲取了大地的精华。而且，每个地方食用山菜的方式不同，这也是山菜的趣味之一。比如木通，有的地方吃新芽，有的吃果实，有的吃果皮，烹饪方法也各具特色。

那么，在奶奶生活的地方，人们是怎样食用山菜的呢？

木通的芽

木通的花和芽

喂，妈妈？

太好啦！

奶奶让咱们去采山菜呢！

太棒了！

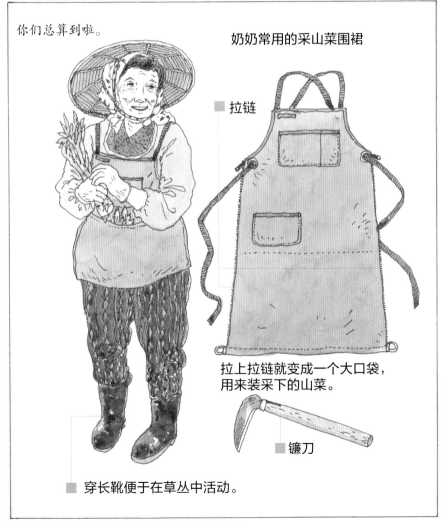

你们总算到啦。

奶奶常用的采山菜围裙

■ 拉链

拉上拉链就变成一个大口袋，用来装采下的山菜。

■ 镰刀

■ 穿长靴便于在草丛中活动。

先在河滩附近找找看！

真好玩！

山菜明明在这边呀……

沙沙沙！

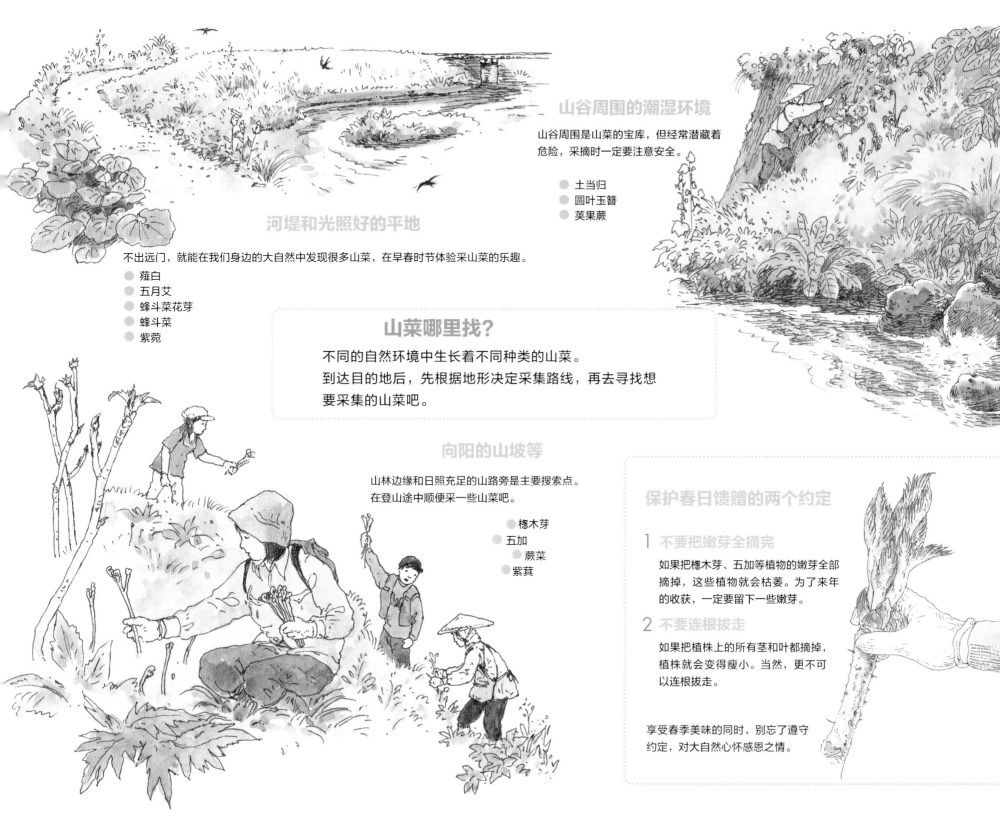

山谷周围的潮湿环境

山谷周围是山菜的宝库，但经常潜藏着危险，采摘时一定要注意安全。

- 土当归
- 圆叶玉簪
- 荚果蕨

河堤和光照好的平地

不出远门，就能在我们身边的大自然中发现很多山菜，在早春时节体验采山菜的乐趣。

- 薤白
- 五月艾
- 蜂斗菜花芽
- 蜂斗菜
- 紫菀

山菜哪里找？

不同的自然环境中生长着不同种类的山菜。
到达目的地后，先根据地形决定采集路线，再去寻找想要采集的山菜吧。

向阳的山坡等

山林边缘和日照充足的山路旁是主要搜索点。
在登山途中顺便采一些山菜吧。

- 楤木芽
- 五加
- 蕨菜
- 紫萁

保护春日馈赠的两个约定

1 不要把嫩芽全摘完

如果把楤木芽、五加等植物的嫩芽全部摘掉，这些植物就会枯萎。为了来年的收获，一定要留下一些嫩芽。

2 不要连根拔走

如果把植株上的所有茎和叶都摘掉，植株就会变得瘦小。当然，更不可以连根拔走。

享受春季美味的同时，别忘了遵守约定，对大自然心怀感恩之情。

跟奶奶学做山菜美食

奶奶是做山菜的行家。
她掌握的菜谱和贮存方法
都继承自她的妈妈。
选用当地天然食材
精心烹制的山菜菜肴，
是代代流传下来的传统美食。

蕨菜的处理和贮存方法

腌制食用

新鲜食用

摘掉蕨菜根部和叶子上的孢子，用橡皮筋捆好。

紫萁的处理和贮存方法

摘掉紫萁上的绒毛，煮熟后晒干。晾晒过程中，揉搓使其变软。

将1千克蕨菜放入容器中。在2升热水中放入一小撮小苏打，倒入盛放蕨菜的容器中。放置片刻，去除涩味。

将蕨菜整齐地摆放在容器中，撒上足量的盐，压上重物保存。

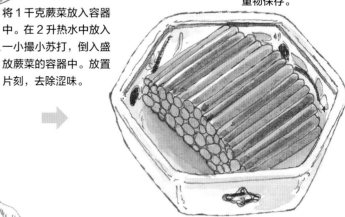

用流水洗净。把腌好的蕨菜放入沸水中，然后捞出浸泡在冷水里，去除多余的盐分。食用时可以用酱油或醋调味。

特制高菜馅饼

用料（20 ~ 25 个的量）：
大米面 1 千克，糯米粉 200 克，
用油炒过的碎腌高菜 300 ~ 400 克

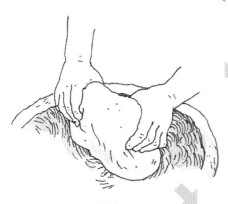

在大米面中倒入热水，不停地揉，直到大米面糊变得像耳垂一样柔软。（①）

把糯米粉置于另一个容器中，倒入水，揉得和①一样柔软后，与①合在一起继续揉。

把面团分成饭团大小的小面团，在小面团中间放上高菜馅，封口后揉成圆球，用耐高温保鲜膜包好。

味噌蜂斗菜

让人食欲大增的味噌蜂斗菜，
将蜂斗菜的花芽切碎、炒熟后，加入味啉、白糖和木鱼花，
与味噌充分搅拌，最后撒上核桃碎仁就完成了。

煮紫萁

用水泡发干紫萁。
在紫萁、胡萝卜、烤面筋、魔芋等食材中倒入高汤、味啉、酱油和白糖熬制。

精选山菜美食!

给大家介绍几道特色的山菜美食。
有凉拌菜也有甜点，种类很丰富。

保留原始风味的焯菜

处理后的蕨菜直接焯熟。
圆叶玉簪和荚果蕨不用去除涩味，
焯熟后可以直接食用，蘸蛋黄酱也很好吃！

香气扑鼻的土当归拌核桃

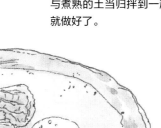

把核桃捣碎，加入味啉、味噌和白糖调味。
与煮熟的土当归拌到一起就做好了。

裹着保鲜膜直接上锅蒸 40 分钟左右就做好了！

撬山核桃用的夹子

**水田里
的生物**

---

1 黄缘龙虱

龙虱科。栖息在池塘或沼泽中，近年来数量越来越少。身体主色为黑色，身体四周和足偏黄色。能潜入水下捕食小鱼等生物。

2 碧伟蜓

蜓科。幼虫体形大，呈浅褐色，栖息在池塘、沼泽、水田、水道附近。体长 49 ~ 55 毫米。背上有一条又黑又粗的条纹。能用可伸缩的下颚捕食小鱼等生物。

3 水螳螂

蝎蝽科。栖息在水田、池塘、沼泽等地。体长 40 ~ 45 毫米，身体为褐色或浅褐色。用细长的前足捉住猎物后，会用吸管状的嘴吸食猎物的体液。

4 水蝎

蝎蝽科。5 ~ 10 月栖息在水田或池沼等地。体长 30 ~ 38 毫米。体色从灰褐色至深褐色不等。会将长长的呼吸管伸出水面呼吸。前足上下摆动，看上去就像是在敲鼓。

5 雀斑龙虱

龙虱科。几乎一年四季都能观察到。属于小型龙虱，体长约 12 毫米。栖息在平地的池塘、河流和水洼等地。前翅呈土黄色至深褐色，并布满黑色斑点。腹部为黑色，足为红褐色。

6 水龟虫

水龟虫科。4～10月常见于池塘和水田里，有时也会聚集到灯光周围。体长32～35毫米。体色发黑有光泽。不擅长游泳，经常趴在水草等物体上。

7 日本突负蝽

负蝽科。栖息在水浅的池沼、水田里。体长17～20毫米。土黄色至深褐色。5～6月，雌虫在雄虫的背上产卵。雄虫会背着卵生活大约一个月，直到卵孵化。

8 仰蝽

仰蝽科。栖息在池沼、水田、水洼等地。体长12～14毫米。后足又长又宽，长着许多长长的毛。游泳时背部朝下。蜇人很疼，须留意。

9 水黾 méng

黾蝽科。栖息在池塘和河里。在水面到处游荡，捕食落在水中的小昆虫。体长11～16毫米。身体为黑色至褐色。能散发出像糖果一样的甜味。

10 东方豉甲 chǐ

豉甲科。4～10月栖息在池塘和流速缓慢的小河里。体长8～10毫米。身体为黑色，带有紫色的光泽。会划动短短的中足和后足在水中转圈。受农药等因素的影响，数量逐渐减少。

田间生物大搜查

利用田地的不只是人类。

田地周围还有蓄水池、水道、杂树林等多种多样的生态环境。

这些丰富多样的环境孕育了水生昆虫、鱼等众多小生命。

来，我们把蓄水池里的诱捕器捞上来！

哗

↓ 在家中做一个水族箱

捕捉蓄水池或水道里的水生昆虫和小鱼，把它们养在水族箱里吧。

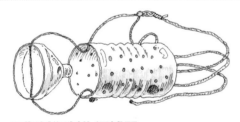

用塑料瓶制作诱捕器

在塑料瓶身上开小孔，从瓶口下方 1/3 瓶身处剪开，把诱饵放进去，再把瓶口朝内插进瓶身。用绳子把瓶身和瓶口连起来，由于瓶口很窄，小生物钻进瓶子就很难逃出来了。

养鱼需要安装氧气泵，向水中输送氧气；养水生昆虫则不需要安装氧气泵。

哇，好多小动物啊！

水田是水生昆虫的天堂！

蜻蜓、豉甲等水生昆虫在卵、幼虫、成虫等不同阶段，居住在蓄水池、草丛、树林等不同环境中。这些环境在水田周围都能找到。

需要多种生存环境的水生昆虫是衡量生态多样性的重要指标。

▇ 水田

刚插完秧的水田里灌满了水，孕育出大量浮游生物，它们是水生昆虫的食物。

▇ 蓄水池

水生昆虫在水草上产卵，在蓄水池中藏身，在水田中捕食。蓄水池中的静水是它们的秘密家园。

▇ 引水渠

水田中养分充足的水流入引水渠，养育了萤火虫的食物川蜷(chái)以及栖息在流水中的蜻蜓幼虫（水虿）和鱼。

龙虱去哪儿了？

过去常见的龙虱，现在很少见了。龙虱生存不仅需要水，还需要土壤。人们用水泥加固蓄水池堤、在田埂使用除草剂等行为改变了水田的生态环境，这是导致龙虱减少的主要原因。

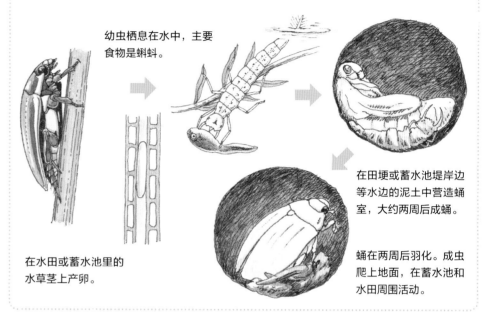

幼虫栖息在水中，主要食物是蝌蚪。

在水田或蓄水池里的水草茎上产卵。

在田埂或蓄水池堤岸边等水边的泥土中营造蛹室，大约两周后成蛹。

蛹在两周后羽化。成虫爬上地面，在蓄水池和水田周围活动。

蓄水池里的小霸王——水蝎

水蝎挥舞形似镰刀的前足捕捉小鱼和蝌蚪，将尖利的口器刺进猎物体内吸食体液。这种尖利的口器是半翅家族的特征。它的外观看上去跟其他半翅目昆虫不一样，但一看它的口器，就知道它是半翅家族的成员。

栖息在水中的半翅家族成员

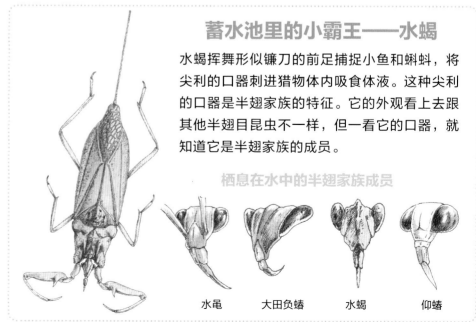

水黾　　大田负蝽　　水蝎　　仰蝽

会在暑假
遇到的蜻蜓

1 大团扇春蜓

春蜓科。腹部末端有一片团扇状的突起。停在枝头时，前足收起，只用中足和后足抓住树枝。栖息在平地或山丘上的大型湖泊、沼泽周围。体长 77～85 毫米。5～10 月可见。

2 玉带蜻

蜻科。栖息在树木多的池沼、公园的池塘等地。雄虫为摆脱敌人，可以飞到几十米高的地方。腹部中间为白色，看起来就像是"少了一截"。体长 40～49 毫米。5～10 月可见。

3 白尾灰蜻

蜻科。常见于池塘、水田等光线充足、视野开阔的地方。雄性成虫为蓝灰色，腹部覆盖白色粉末，故名白尾灰蜻。雌虫体色偏黄。体长 48～57 毫米。4～10 月可见。

4 巨圆臀大蜓

大蜓科。中国体形最大的蜻蜓。栖息在平地或山间小河旁。年幼时成群滑翔，寻找食物。左右复眼通过一点相连。体长 90～110 毫米。6～10 月可见。

5 透顶单脉色蟌

色蟌科。栖息在平地或山丘上的清流附近。黑色翅膀，头部和胸部带有蓝绿色光泽。雌虫的翅膀上有白色花纹，雄虫以此为目标寻找伴侣。体长 53～61 毫米。5～9 月可见。

6 褐顶赤蜻

蜻科。全身偏黄褐色，雄性成虫为红褐色。幼年时栖息在深山的树林中，变为成虫后出现在平地或山丘上的水田间。体长 41 ~ 48 毫米。5 ~ 11 月可见。

7 东亚异痣蟌

蟌科。栖息在池沼、湿地、水田等地方。雄虫腹部末端为蓝色。和褐斑异痣蟌有几分相似，不过体形比后者小一号。体长 26 ~ 31 毫米。4 ~ 11 月可见。

8 碧伟蜓

蜓科。在池塘或水田等开阔的地方按固定的路线巡回飞行。胸部有两条黑线的黑纹伟蜓和它很像。体长 71 ~ 81 毫米。6 ~ 11 月可见。图中左上方是碧伟蜓在蜕壳。

9 黑丽翅蜻

蜻科。特点是黑色的身体和闪着紫色光芒的大翅膀。生活在平地或山丘的池沼间，年幼时成群地在树林或草原上空盘旋。因为水污染，数量逐渐减少。体长 32 ~ 41 毫米。6 ~ 9 月可见。

10 短尾黄蟌

蟌科。头部和胸部为黄绿色，面部和腹部为黄色，在蟌科家族中体形较大。栖息在平地或山丘的池沼、湿地、水田间。体长 37 ~ 44 毫米。5 ~ 10 月可见。

让我们去寻找蜻蜓吧

全世界共有约 5000 种蜻蜓。
蜻蜓不只出现在水边，
也会出现在蓄水池、小溪和杂树林中。
记住它们的特点，
去寻找想要见到的蜻蜓吧。

↓ 捉蜻蜓大挑战！

雄蜻蜓喜欢在势力范围内巡逻，只要在它们的势力范围内放飞蜻蜓模型，它们就会为了驱赶外来物飞过来。除此之外，由于绝大多数蜻蜓的雌雄体色不同，有时用雌性的模型也能引来雄性。只要掌握蜻蜓的习性，捉蜻蜓其实没有想象中那么难。

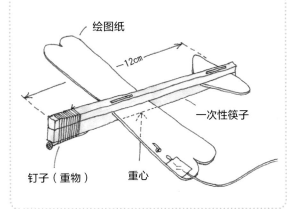

绘图纸
—12cm
一次性筷子
钉子（重物）
重心

蜻蜓的栖息地

不同种类的蜻蜓栖息在不同的地点。有些终生栖息在水边，有些住在杂树林里。
蜻蜓的习性各不相同，有的划出势力范围并在领地内巡逻，有的则白天在林子里休息。
不过，无论哪种蜻蜓，到了繁殖的季节都会飞回水边。

■ 低山间的河流
- 巨圆臀大蜓
- 山西黑额蜓
- 艾氏施春蜓
- 透顶单脉色蟌

■ 溪流
- 山西黑额蜓
- 琉璃蜓
- 披粉绿色蟌

■ 山间的池塘或湖泊
- 黑多棘蜓
- 黑纹伟蜓
- 竣蜓

■ 平地上的池塘
- 碧伟蜓
- 闪蓝丽大蜻
- 大团扇春蜓
- 红蜻
- 玉带蜻
- 低斑蜻
- 白尾灰蜻
- 异色灰蜻
- 台湾尾蟌
- 膨腹丝蟌
- 琉璃蜓

■ 山野间的水田
- 长尾蜓
- 黑丽翅蜻
- 侏红小蜻

■ 河流中游
- 大团扇春蜓
- 透顶单脉色蟌

蓄水池里的蜻蜓幼虫

蜻蜓幼虫的栖息地大致可分为两种：流水（河流、小溪等）
和静水（池塘或水田）。

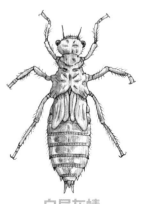

琉璃绿蟌
蟌科。身体细长，尾部有3根长毛。附在水草等植物上生活。

白尾灰蜻
蜻科幼虫的身体呈椭圆形。喜欢钻进沙子里藏身。

碧伟蜓
蜓科幼虫的身体呈细长的小铲形。喜欢藏到沙子的深处。

饲养蜻蜓的幼虫

捕捉藏在水里的蜻蜓幼虫非常简单。
把幼虫带回家，让它们在水缸里羽化。
用红虫等鱼饵喂养即可。

- ■ 羽化时用来攀附的树枝
- ■ 水不需要很多
- ■ 在水里放一些供幼虫攀附的水草

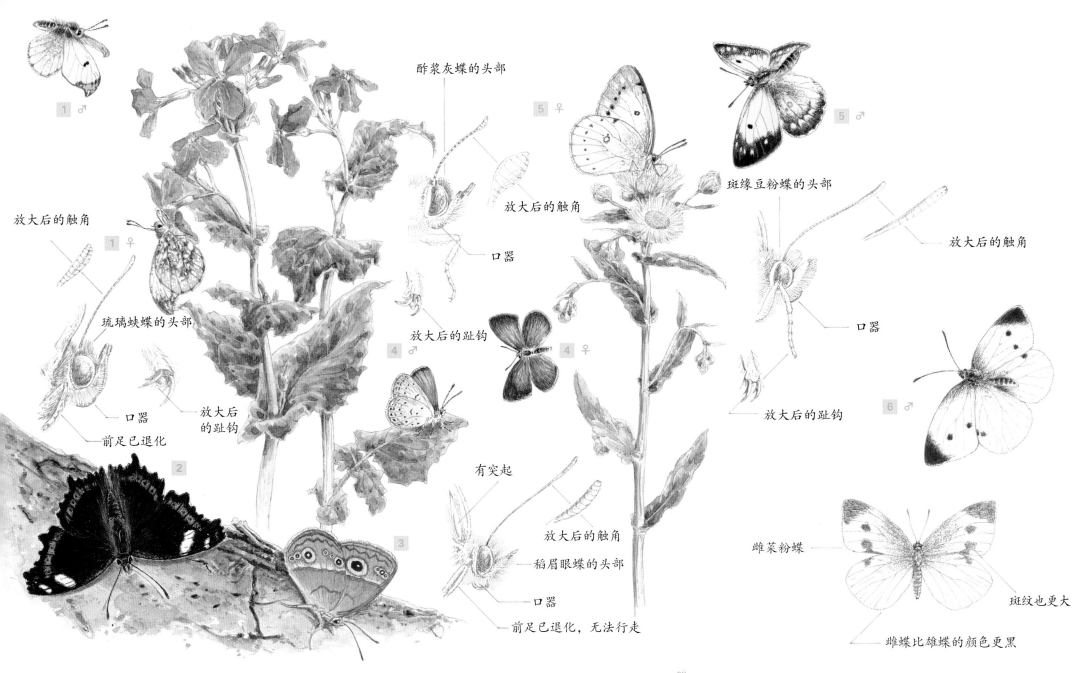

酢浆灰蝶的头部

放大后的触角

口器

斑缘豆粉蝶的头部

放大后的触角

口器

放大后的触角

放大后的趾钩

放大后的趾钩

琉璃蛱蝶的头部

口器

放大后的趾钩

前足已退化

有突起

雌菜粉蝶

放大后的触角

稻眉眼蝶的头部

斑纹也更大

口器

前足已退化，无法行走

雌蝶比雄蝶的颜色更黑

1 黄尖襟粉蝶

粉蝶科。一年繁殖1代，在樱花盛开的季节出现。栖息在树林周围。雄蝶和雌蝶的后翅背面都有花斑，但雄蝶前翅尖为橙色。翅展约45毫米，会在十字花科植物上产卵。

2 琉璃蛱蝶

蛱蝶科。以成虫形态越冬。在气候温暖的地区，一年繁殖4代。夏季常见于背阴处，秋季到春季常见于日照充足的草原上。在百合科植物上产卵。翅展约60毫米。

3 稻眉眼蝶

蛱蝶科。寒冷地区一年繁殖2代，温暖地区一年繁殖3～4代。广泛分布于各种环境中。傍晚时轻快地辗转于草叶间，吸食树液或果实的汁液。在禾本科植物上产卵。翅展约46毫米。

4 酢^{cù}浆灰蝶

灰蝶科。4～11月出现，一年繁殖数代。栖息在城市中的公园或住宅区的草地上。没有远距离迁徙的习性，经常在幼虫食用的酢浆草附近活动。翅展约25毫米。

5 斑缘豆粉蝶

粉蝶科。地域不同，一年繁殖的代数也不同。喜光。雌蝶有黄色和白色两种类型。飞得低，不绕圈，速度比菜粉蝶快。在豆科植物上产卵。翅展约43毫米。

● 蝴蝶的翅展指的是蝴蝶翅膀展开时左右两翅顶角之间的距离。

金凤蝶的头部

放大后的触角

口器

前足

生活在我们
身边的蝴蝶

雄蓝凤蝶有白色斑纹

放大后的趾钩

触角

口器

柑橘凤蝶的头部正面

6 菜粉蝶

粉蝶科。3～11月出现，一年繁殖6～7代。喜欢明亮的地方，常见于卷心菜田。经常停靠在黄色和紫色的花上，但基本不会靠近红花。在十字花科植物上产卵。翅展约50毫米。

7 金凤蝶

凤蝶科。从海岸到高山地带均可见。多见于日照充足的草地。温暖地区一年繁殖2～4代，寒冷地区一年繁殖1代。直线飞行速度很快。在伞形科植物上产卵。翅展约80毫米。

8 红灰蝶

灰蝶科。栖息在草地等开阔的地方。橙色和黑色的花纹以及飞行速度快是它的特征。一年繁殖数代。喜欢黄色的花。在蓼科植物上产卵。翅展约30毫米。

9 柑橘凤蝶

凤蝶科。十分常见。寒冷地区一年繁殖2代，温暖地区一年繁殖4～5代。飞舞在花丛中，飞行路线不规则。多吸食红花的花蜜。在柑橘类植物上产卵。翅展约80毫米。

10 蓝凤蝶

凤蝶科。4～9月出现，一年繁殖2～4代。常见于住宅区或山林小道等半背阴处。喜欢红色系的花，飞行速度快。在柑橘类植物上产卵。翅展约100毫米。

认识蝴蝶

除了蝴蝶的身体特征，你还知道它们喜欢哪种花蜜吗？

了解蝴蝶幼虫以哪种植物为食等基本信息，就能遇到它们。

先试着观察身边最常见的几种蝴蝶——菜粉蝶、酢浆灰蝶和青凤蝶吧。

↓ 迁移来的新成员！

斐豹蛱蝶是一种分布广泛的蝴蝶。广泛分布于热带和温带地区，包括非洲东北部、澳大利亚、中国、日本。现在，受温室效应的持续影响，它们的栖息范围逐渐北移。

是金凤蝶的幼虫呢。

戳一戳。

哇，好臭啊。

那一定是菜粉蝶。

卷心菜田里有很多白色的蝴蝶呢！

幼虫食用的植物附近也能见到成虫。

卷心菜等十字花科植物吸引菜粉蝶

酢浆草吸引酢浆灰蝶

伞形科、樟科、柑橘类植物吸引凤蝶

幼虫

前蛹

幼虫在孵化地的树木或草上长大，最终羽化成蝶。

① 成虫（产卵）

② ③ ④ ⑤

蛹

羽化

（背面）

（正面）

华箬竹 ruò
幼虫的食物是竹类和其他禾本科植物。

琉璃蛱蝶
出现于夏秋两季。吸食杂树林中的树木的树液、动物粪便等。以成虫形态越冬。

幼虫以油点草为食。它们会紧紧附在叶子的背面。

油点草

里黄斑荫眼蝶
春夏两季出现，一年繁殖一两代。喜欢吸食杂树林中的树木的树液。以蛹的形式越冬。

了解蝴蝶和幼虫的食性

蝴蝶幼虫的食性就是幼虫食用的植物种类。成虫一定会把卵产在幼虫食用的植物上。
也就是说，在产卵的季节，只要等在幼虫食用的植物附近，就很容易观察到蝴蝶的活动。
掌握蝴蝶幼虫的食性是和蝴蝶做朋友的第一步。

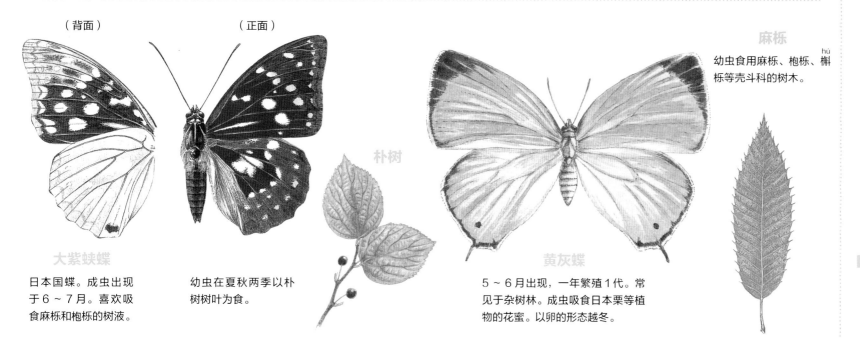

（背面）

（正面）

麻栎
幼虫食用麻栎、枹栎、槲栎等壳斗科的树木。 hú

大紫蛱蝶
日本国蝶。成虫出现于 6 ～ 7 月。喜欢吸食麻栎和枹栎的树液。

幼虫在夏秋两季以朴树树叶为食。

朴树

黄灰蝶
5 ～ 6 月出现，一年繁殖 1 代。常见于杂树林。成虫吸食日本栗等植物的花蜜。以卵的形态越冬。

捉蝴蝶需要哪些工具？

■ **捕虫网**
捕虫网主要有网框小、可收起的弹力式捕虫网和折叠式捕虫网这两种。建议使用结实耐用的折叠式捕虫网。有些捕虫网的长竿还可以伸缩。

■ **三角盒**
用于装三角纸袋包好的蝴蝶。

三角纸袋 ■
由蜡纸制成，用于包裹捉到的蝴蝶。

1 红脐巴蜗牛

巴蜗牛科。栖息在树上。壳有光泽，右旋，较薄，螺层较少。直径约 35 毫米，高约 20 毫米。由于壳上有三条纹路，所以在日本也被称为"三条蜗牛"。

2 棒形钻头螺

钻头螺科。栖息在野生林或公园的人工林里。壳高约 10 毫米，直径约 3 毫米。体形很小。壳右旋，有别于其他钻头形贝类。壳为白色，身体为黄色。

3 山田螺

山田螺科。栖息在山林里的潮湿落叶上。壳右旋，直径约 22 毫米，高约 20 毫米。壳口有厣，螺层的最后一层特别大，带有条纹。

4 同型巴蜗牛

巴蜗牛科。常见于开阔地带。壳右旋，直径在 15 毫米以下，高约 10 毫米，壳扁平，螺层多。壳为半透明的土黄色，部分还带有纹路。

5 薄皮蜗牛

巴蜗牛科。常见于旱地、草原等开阔地带。壳右旋，直径最大 20 毫米，高约 20 毫米。壳薄，呈半透明的土黄色。壳口圆圆的，不翘起。

栖息在
杂树林中的蜗牛

6 **布什烟管螺**

烟管螺科。栖息在树林等地的烟斗形蜗牛。成群聚集在腐木或岩石下越冬。壳左旋，为半透明的浅黄色，有光泽。高约20毫米，直径约5毫米。

7 **里白鳖甲蜗牛**

鳖甲蜗牛科。栖息在落叶或小石块较多的潮湿的缓坡上。壳右旋，扁平，为半透明的玳瑁色，有光泽。直径约7毫米，高约3毫米。

8 **萨摩蜗牛**

坚齿螺科。常见于树林周边。壳右旋，较薄，呈半透明的土黄色到深褐色。直径约20毫米，高约17毫米，呈圆润的圆锥形，但边缘带有棱角。

9 **左旋蜗牛**

巴蜗牛科。常见于平地的大型蜗牛。壳左旋，直径约45毫米，高约30毫米。壳的颜色多样。壳口大多为圆形，边缘上翘。

10 **盾蜗牛**

巴蜗牛科。栖息在树林里。壳右旋，直径约7毫米，高约5毫米。壳呈圆润的圆锥形，壳顶很尖。颜色从蓝白色到土黄色，略带光泽。壳口接近圆形。

关于蜗牛的知识

蜗牛不但能走钢丝，
还能在锯齿上爬行！
看上去安静而温顺的蜗牛，
体内居然蕴藏着令人震惊的能量。
让我们来探索蜗牛小小身体内的神奇奥秘吧！

↓ 雌雄同体的奥秘

一只蜗牛的体内同时具备雄性器官和雌性器官，这种现象就叫做雌雄同体。不过，产卵还是需要两只蜗牛交尾才能实现。交尾时，两只蜗牛分别伸出细细的输精管，互相插入对方的生殖孔中。然后通过这根细管将含有精子的长长的储精囊输入对方体内。在交尾的季节，蜗牛两条大触角之间会鼓起一个大包。看到这样的蜗牛，不妨仔细观察它的行为。

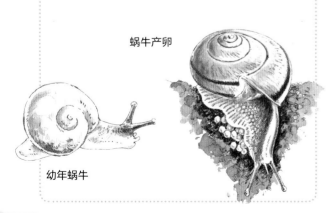

蜗牛产卵

幼年蜗牛

蜗牛的饲养方法

蜗牛的口腔

■ 投喂卷心菜、生菜等新鲜蔬菜。

■ 长满了像锉刀一样的小牙齿。蜗牛用它们来磨碎食物。

■ 蛋壳或乌贼骨让蜗牛摄取壳生长所需的钙质。

■ 落叶或泥炭藓能保持湿度。

■ 赤玉土

■ 饲养箱
30 厘米宽的饲养箱内可以养两三只蜗牛。

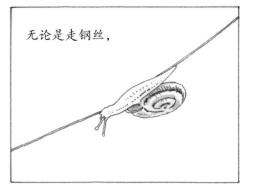

无论是走钢丝，

还是在树叶间移动，

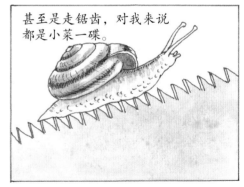

甚至是走锯齿，对我来说都是小菜一碟。

小蜗牛真能干！

分辨 10 种基础类型

根据下面的图，学会分辨 10 种基础类型的蜗牛吧。

有厣　　　　　　　无厣

细长型右旋　细长型左旋　　　扁圆型左旋　扁圆型右旋

山田螺

棒形钻头螺家族　　烟管螺家族　　左旋蜗牛

壳直径在 2.5
厘米以上

壳直径小于 1 厘米　　　壳直径约 1～2 厘米

扁平，壳口　壳高　　　壳低，壳口　壳高　　　壳形圆滑，壳
不翘起　　　　　　　部分翘起　　　　　　口部分不翘起

里白鳖　盾蜗牛　　　　　　　　　　　　　　红脐巴蜗牛家族
甲蜗牛

同型巴蜗牛　萨摩蜗牛

薄皮蜗牛

右旋还是左旋？

旋涡按顺时针旋转的是右旋。
当壳口朝前时，壳口在右侧的为右
旋，在左侧的为左旋。

左旋　　　右旋　　　左旋　右旋

各式各样的螺纹

就像红脐巴蜗牛一样，同种蜗牛不同个体壳上的螺纹也会不同。

了解蜗牛的身体结构

画蜗牛很简单，但实际上蜗牛的内部结构非常复杂。
小小的壳里排列着各种内脏，错综复杂。
从体内结构的角度观察蜗牛吧！说不定会有新的发现！

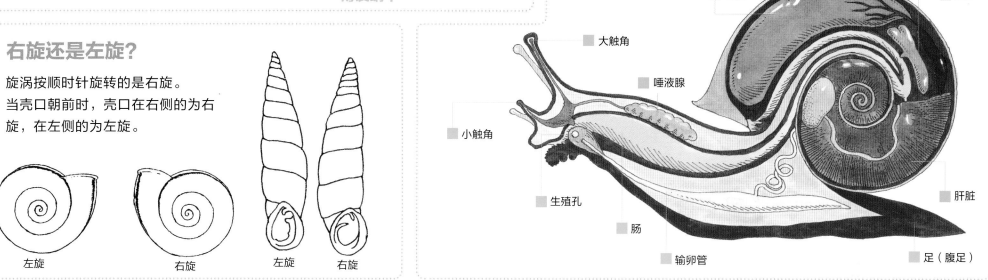

■ 心脏　　　　　　　　　　　　　　■ 肾脏

■ 大触角

■ 唾液腺

■ 小触角　　　　　　　　　　　　　　■ 肝脏

■ 生殖孔

■ 肠

■ 输卵管　　　　　　　　　　　　　■ 足（腹足）

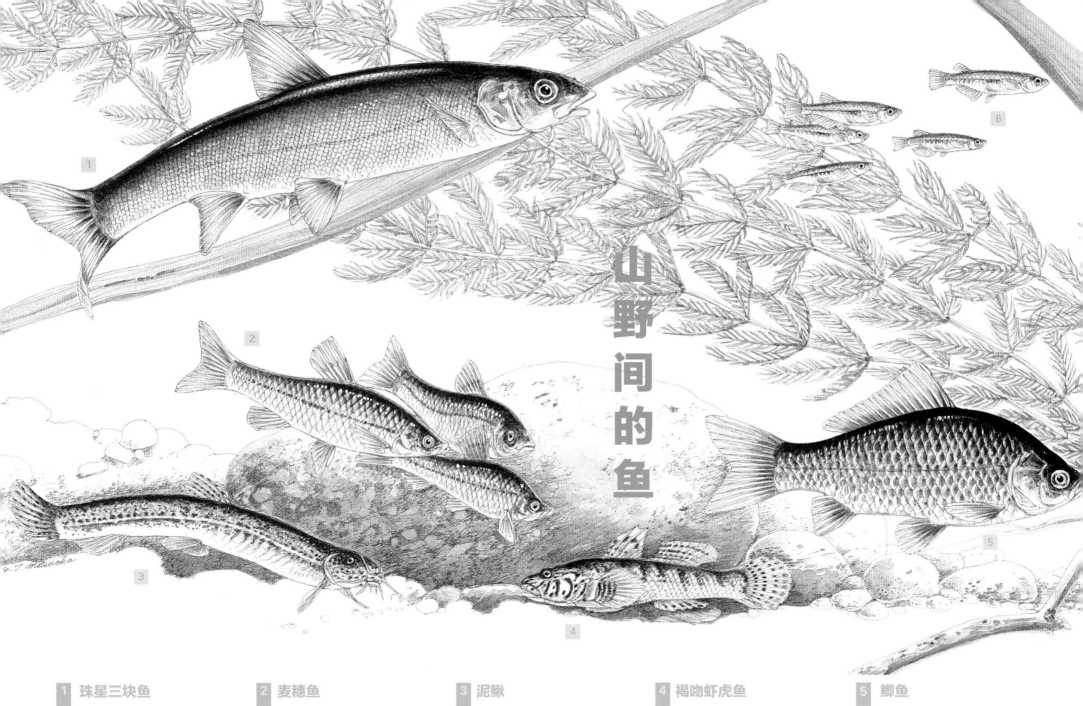

山野间的鱼

1 珠星三块鱼

鲤科。和大马哈鱼等鱼类相同，一部分生活在河里，一部分在大海中。栖息在河流的上游、河口、湖泊和沼泽地，常见于河边。春天产卵。体色会逐渐变红、变黑，雄鱼体长约30厘米。

2 麦穗鱼

鲤科。栖息在河流中下游、湖泊、沼泽和水田等地的底部淤泥里。对环境变化的适应性强，在污水中也能生存。体长约8厘米。

3 泥鳅

鳅科。栖息在底部有淤泥的湿地、小河或水田中，在水底游动。全身褐色，部分个体没有体纹。口须共有5对10根。可以直接用口呼吸，也可以用肠道呼吸。体长约12厘米。

4 褐吻虾虎鱼

虾虎鱼科。栖息在河流下游、河口、湖泊、沼泽和岩石缝隙等地。对污水有很强的适应力。尾鳍根部为黄色或橘黄色。生活地区不同，体色就有很大差异。体长约7厘米。

5 鲫鱼

鲤科。栖息在河流中游流速缓慢地带、干支流的交汇处、湖泊和池沼中。杂食性，对污水有很强的适应力。鱼身为橄榄色，背部为褐色，腹部为银白色，颜色变化多样。体长约30厘米。

6 青鳉 jiang

青鳉科。生活在湖泊、沼泽、水渠以及下游流速缓慢的地方。成群在水面附近活动，捕食浮游生物和水生昆虫。受人类活动和水污染的影响，数量大幅下降。体长约40毫米。

7 拉氏鲹 gui

鲤科。生活在河流的上中游、湖泊和沼泽等地。经常藏在岩石下，属于群居动物。杂食性，什么都吃。体长约10厘米。

8 鲇鱼 nian

鲇科。生活在湖沼和河流中下游，主要在水底的淤泥中活动。白天藏在水底，夜间大量捕食小鱼和蛙类。成年鲇鱼的上下颌各有一对须。体长约60厘米。

9 宽鳍鱲 lie

鲤科。生活在流速湍急的水域、静水以及混凝土筑成的人工池中。杂食性，饲养简单。在5～8月的繁殖期，雄鱼体表出现红色和蓝绿色的斑点。体长约15厘米。

10 红鲆 yang

鲿科。日本特有种。栖息在河流中上游湍急水流中的岩石下。口须共有4对8根。身体为红色，但颜色变化多样。鳍上有刺。体长约10厘米。

在河边玩耍

没有被污染的山间小河，
曾是孩子们的游乐场，
也是大人们劳作的地方。
在那个年代，捕到的猎物都会成为食材，
出现在餐桌上。
和鱼斗智斗勇的过程本身就是一种游戏。

捕鱼网在手，开心一整天！

想用捕鱼网捕到游动的鱼并不容易，推荐像下图那样使用捕鱼网。鱼和螃蟹等生物就藏在草根附近和岩石下面。先把捕鱼网设在草丛等目标藏身点的下游，然后从上游开始，用脚顺流踩草根。这样，藏起来的生物就会顺着流水游进捕鱼网里。

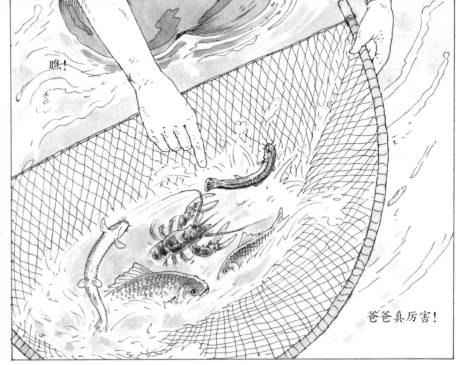

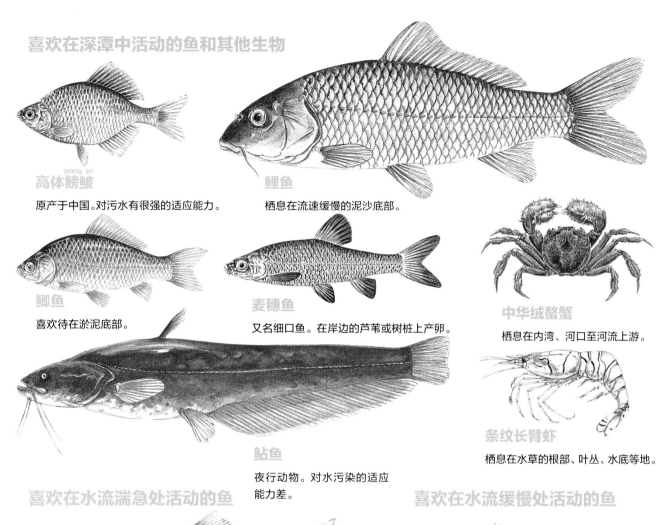

喜欢在深潭中活动的鱼和其他生物

高体鳑鲏（pǎng pí）
原产于中国。对污水有很强的适应能力。

鲤鱼
栖息在流速缓慢的泥沙底部。

鲫鱼
喜欢待在淤泥底部。

麦穗鱼
又名细口鱼。在岸边的芦苇或树桩上产卵。

中华绒螯蟹
栖息在内湾、河口至河流上游。

条纹长臂虾
栖息在水草的根部、叶丛、水底等地。

鲇鱼
夜行动物。对水污染的适应能力差。

沙地

流速缓慢

深潭

流速湍急

栖息在不同流域的生物

人有各自偏爱的住处，鱼也有自己中意的栖息地。鱼的活动时间不仅限于白天，比如鲇鱼就喜欢白天躲起来，晚上才出来活动。

喜欢在水流湍急处活动的鱼

香鱼
栖息在河流中下游，有自己的地盘。

宽鳍鱲
生活范围广泛，从浅滩到静水中都能见到它们。

珠星三块鱼
河流的上游到下游都可以见到。

喜欢在水流缓慢处活动的鱼

长颌须鮈（jū）
栖息在河流的下游流域以及藻类和水草茂盛的池沼。

拉氏大吻鳄
栖息在河流、湖泊或沼泽中。

喜欢在沙地活动的鱼

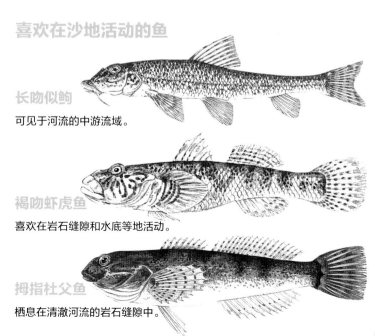

长吻似鮈
可见于河流的中游流域。

褐吻虾虎鱼
喜欢在岩石缝隙和水底等地活动。

拇指杜父鱼
栖息在清澈河流的岩石缝隙中。

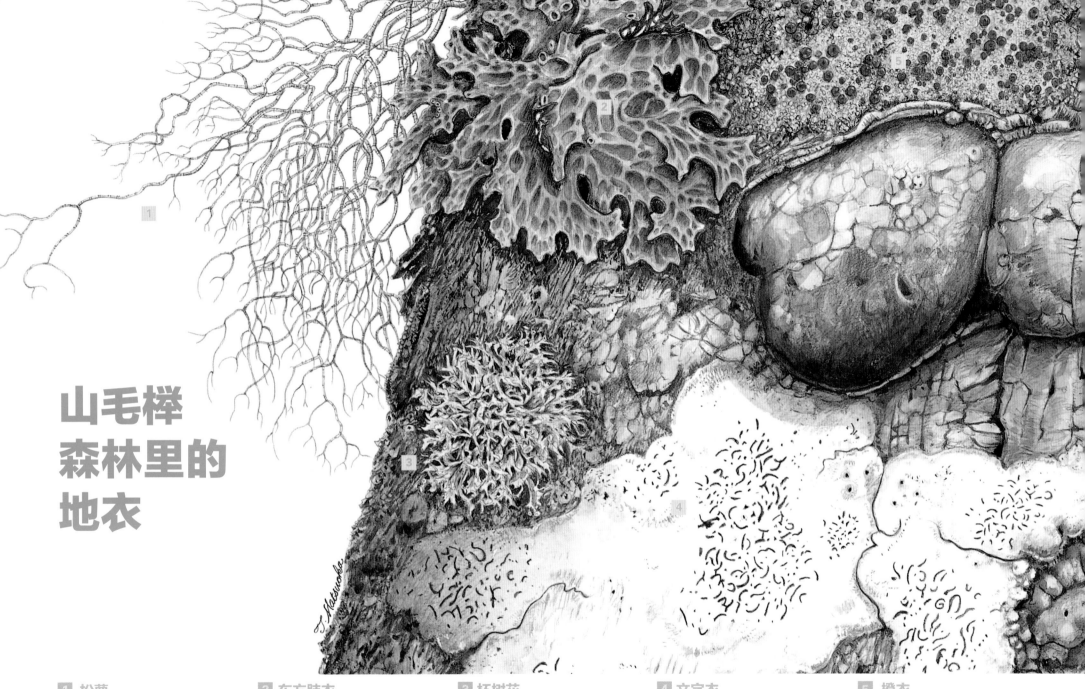

山毛榉
森林里的
地衣

1 松萝

梅衣科。生长在山毛榉等树木树干的上半部和粗枝上。分为两部分，呈长条状。颜色为黄绿色。长有类似竹节的白环。生长在松树等植物上的长松萝是它的近缘种。

2 东方肺衣

肺衣科。形似一片大叶片。生长在山毛榉等树木的树干及粗枝上，大的直径可达 50 厘米左右。表面为褐色偏绿，带有网眼状的突起。背面为浅褐色，长有细密的毛。

3 杯树花

树花科。生长在山毛榉等树木的树皮上。看上去像树的一部分，呈黄绿色或浅绿色。体形大的高度能达到 5 厘米左右。像珊瑚一样的叉状分枝表面平滑。

4 文字衣

文字衣科。多见于热带地区。形似小壳，为浅灰色。在树皮表面薄薄地覆盖一层。黑色的部分看起来像文字，所以叫做"文字衣"。

5 橙衣

黄枝衣科。广泛分布于山上等各种环境中。可在树皮、岩石和混凝土上形成薄薄的一片。多生长在半背阴的地方。颜色为黄绿色到金黄色。

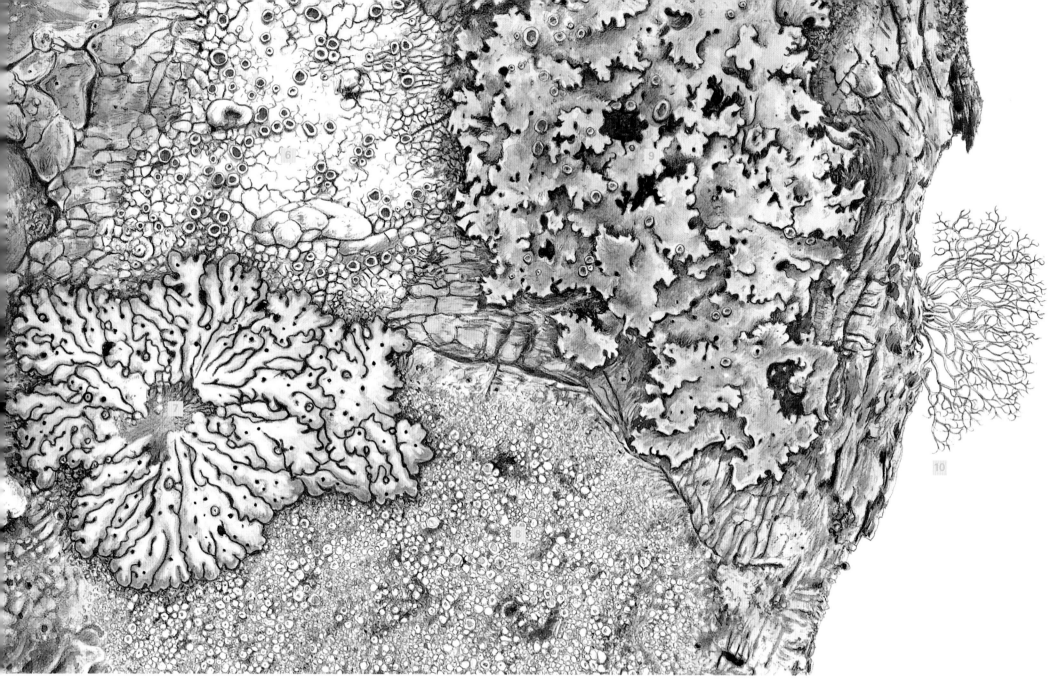

6 茶渍衣

茶渍科。广泛分布于低地到山地地带。生长在半日照和日照较好的树干或树枝上。颜色为灰白色。在树皮上形成薄薄的一片。

7 孔叶衣

梅衣科。常见于山毛榉林和较高的山上。生长在树皮和岩石表面。表面呈灰绿色。随风摆动的部分看起来鼓鼓的，其实是空心的。整体呈圆形，直径可达 20 厘米左右。

8 鸡皮衣

鸡皮衣科。种类繁多，在低地到高山等各种地方均可见。薄薄地附在树干、树枝或岩石上。发白的疙瘩状部位名叫子囊，是产生孢子的地方。

9 金叶黄髓叶

梅衣科。常见于山毛榉林和山上。生长在树干、树枝或岩石上。形似叶片，直径可达 15 厘米左右。叶状部分为浅灰色，上面结有圆盘状的子囊。

10 槽枝衣

梅衣科。生长在山毛榉和蒙古栎等树木的树皮上。树状，朝向斜上方生长，长约 5 ～ 10 厘米。颜色为褐色或灰褐色，会分出许多细小的枝杈。

在山毛榉林中
来一场地衣大搜查

仔细观察山毛榉的树皮，
会发现上面布满了类似苔藓的东西。
它们是菌类家族的成员，名叫地衣。
因火山喷发等形成的荒芜大地上，
它们最先诞生，将荒芜的土地改造成适合植
物生长的沃土。
地衣害怕大气污染，
所以被视为衡量环境质量的指标。

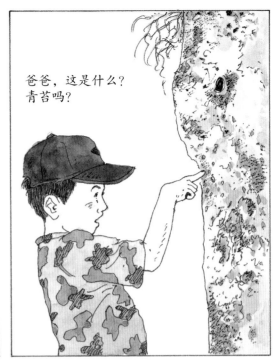

地衣的三种形态

地衣有各种不同的形态，有的长得像青苔（苔藓植物），
有的看起来像污渍，它们的形态大体可分为三种：

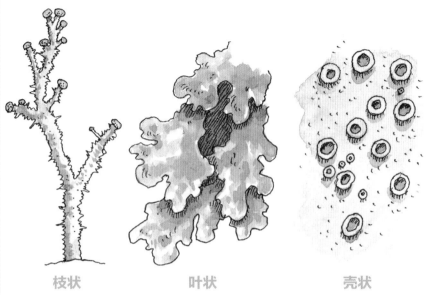

枝状

分出许多细小的枝杈，
形似珊瑚。例如杯树花、
松萝、槽枝衣等。

叶状

像树叶一样扁平的地衣。例
如牛皮叶、孔叶衣等。类似
叶片的结构被称为"裂片"。

壳状

薄薄一层附在树皮等物体表
面的一类地衣。壳状物体是
生成孢子的器官，名叫子囊。
茶渍衣、文字衣等就属于壳
状地衣。

在公园里找找看！

有些地衣在城市里也能观察到。
它们在混凝土表面或地面上也能生长。寻找时不要放过任何一个角落。

■ 石碑

很多古石碑的表面都
覆盖着多种地衣。

■ 混凝土和台阶等的表面

灰色或橙色的地衣会长在这里，看起
来就像大片的污渍。例如蜈蚣衣和橙
衣等地衣。

■ 樱树、榉树等的树皮

包括梅衣、文字衣、茶渍衣、蜈蚣衣等。

其实是蘑菇的同类？
地衣的秘密

不少地衣看着像青苔，
但它们其实属于菌类，
是蘑菇和霉菌的亲戚。
而我们所说的"青苔"（苔藓植物）
是植物家族的成员，
和地衣的生态特点大不相同。

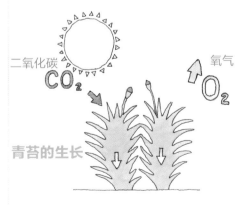

苔藓中含有叶绿素，能够进行光合作用，
自己制造养分。

蘑菇的生长

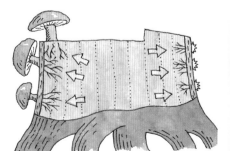

和地衣一样，蘑菇无法进行光合作用，它们通过
伸长菌丝从外界吸收养分。

地衣的生长

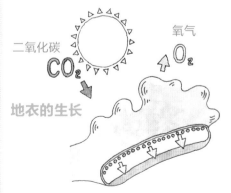

地衣没有菌丝，它们和进行光合作用的藻类共
生，摄取藻类制造的养分。

杂树林中的趋光昆虫

1 大栗鳃金龟

鳃金龟科。出现于6~9月。有时扑向路旁的灯光，有时会飞进家中。身体为土黄色，全身长满密实的细毛。以麻栎等植物的叶子为食。体长25~31毫米。

2 柳裳夜蛾

夜蛾科。夜间常见于亮光附近。白天藏在杂树林下的草丛或茂密的树叶间。8月前后成虫开始出现。翅展约75毫米。幼虫以杨树和柳树的叶子为食。

3 双叉犀金龟（独角仙）

犀金龟科。夜行昆虫。夏季聚集在麻栎、枹栎的树液以及灯光周围。体色为红褐色到黑色。只有雄虫有角。幼虫栖息在腐殖质等环境中。体长30~50毫米（不含角）。

4 刀锹

锹甲科。常见的中等大小的锹甲虫。夜行昆虫，在5~10月活动。喜欢飞到麻栎、枹栎的树液以及灯光周围。雄虫上颚很尖锐。雄虫体长22~45毫米，雌虫体长20~28毫米。

5 星齿蛉 ling

齿蛉科。出现于6~8月。夜行昆虫。夏季聚集在灯光和麻栎等树木的树液周围。白天停靠在水边的树枝上。注意，它可能会咬伤人。幼虫栖息在水中。体长约40毫米。

6 长绿天牛	7 彩丽金龟	8 锯锹	9 短尾大蚕蛾	10 日本饰蟋螽
天牛科。中型天牛，出现于6～8月。夜行昆虫，经常吸食麻栎的树液，也会被灯光吸引。背部为金绿色，腹部、触角和足为红褐色。体长15～30毫米。	丽金龟科。6～8月常见于松树林或柏树林的小型金龟子。左翅和右翅上各有4条竖纹。夜晚聚集到灯光附近活动。体色通常为绿色到红铜色，颜色变化很大。体长13～17毫米。	锹甲科。7～8月前后可见。除喜光之外，还会聚集到麻栎、榆树、柳树等树液上。雄虫的特征是上颚内侧就像一排锯齿。雄虫体长36～71毫米，雌虫体长24～30毫米。	大蚕蛾科。大型蛾，浅蓝色的翅膀泛白或黄色。一年出现两次，分别在4月下旬至5月和7～8月。栖息在杂树林中，常聚集到亮光周围。翅展80～120毫米。	蟋螽科。出现于7～9月，栖息在树上，是一种食肉昆虫。会口吐细丝收集树叶来筑巢。夜间在灯光附近活动，捕食聚集到灯光附近的昆虫。身体为浅绿色。体长28～45毫米。

夜晚才是主战场！
昆虫捕捉大战

锹甲和犀金龟等昆虫，
喜欢吸食麻栎等树木分泌出的甜树液，
而且，它们还有趋光的习性。
只要利用这些特点设下陷阱，
就能一次性捕捉到很多昆虫。

这是在做什么呢？

嘿嘿，先不告诉你。

我们带着它去杂树林吧！

↓飞行方式不一样
大栗鳃金龟 vs 铜罗花金龟

这两种同属金龟科，外形非常相似，但它们的飞行方式完全不同。大栗鳃金龟飞行时会同时展开前翅（鞘翅）和后翅。犀金龟也是这种飞行方式。

铜罗花金龟则不展开前翅，只靠后翅飞行。这样可以飞得很快。

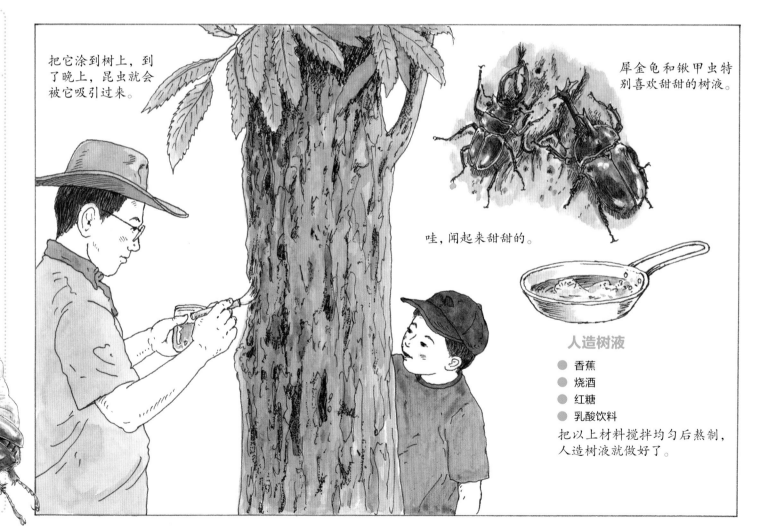

把它涂到树上，到了晚上，昆虫就会被它吸引过来。

犀金龟和锹甲虫特别喜欢甜甜的树液。

哇，闻起来甜甜的。

人造树液

- 香蕉
- 烧酒
- 红糖
- 乳酸饮料

把以上材料搅拌均匀后熬制，人造树液就做好了。

夜晚，在路灯和自动售货机等发出亮光的物体旁边，会有昆虫聚集。
利用这个特点，设置灯光诱捕的陷阱吧。
没有风和月光，温度和湿度都很大的夜晚是设置灯光陷阱的最佳时机。

用灯光召集昆虫！

用白布制作基础陷阱

因《昆虫记》闻名的法布尔也曾使用过这种传统捕虫方法。
晚上 8 ～ 11 点左右是诱捕昆虫的最佳时段。

■ 朝着山、树林等可能有昆虫飞来的方向挂起一大块白布。

■ 掉到地下的昆虫会爬进泥土或草丛里，因此白布的最下方要盖到地面上。

■ 支起三脚架。如果要放置一整晚，可以架一把雨伞防雨。

用三脚架和水桶制作陷阱

这是自然考察时常用的一种方法。
原理是用灯光把昆虫引来，使其掉落到桶中。
这种方法占地不大，在狭窄的空间也能使用。

■ 把水桶放在提灯的正下方，再把硬纸板卷成圆锥形倒插在桶里。

简易的香蕉陷阱

捕捉犀金龟、锹甲虫等喜欢树液的昆虫适合用香蕉和烧酒制作的陷阱。

把香蕉捣碎，淋上烧酒，放在温度较高的地方发酵。把发酵好的香蕉倒入塑料瓶中，再把塑料瓶挂在树枝上。

怎样把昆虫带回家？

在容器的盖子上开一些小孔，将浸水的纸巾或水苔和昆虫一起放入容器内。这样不仅可以防止容器内部温度过高，还可以清洁昆虫的身体。

茂密的人工杂树林

杂树林中常见的枹栎和麻栎，是木柴、木炭、香菇段木的原材料。人们通过砍伐、剪枝等方式让阳光射入林间，使树下的草和小树得以成长，而这里也成了昆虫等各种生物的栖息地。

枹栎和麻栎等阔叶树拥有"萌芽更新"的特性，这意味着即使从根部砍断树干，树木也能长出新芽。

砍伐后的树桩

长出新芽

新芽逐渐成长，最终长成大树。利用这一特点，一棵树在 100 年间可以采伐大约 3 次。

锯锹的一生

锯锹幼虫喜欢栖息在倒下的树或者逐渐枯萎的树上。成虫最爱的食物是麻栎、枫树、核桃树等树木的树液。

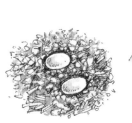

锹甲虫的足和颚变黑，开始羽化。羽化后休眠一年，然后爬出蛹室，开始活动。

夏季，锯锹将卵产在逐渐枯萎的树上。卵呈椭圆形。

从卵中孵化出的幼虫靠吃腐烂的树木长大，其间会经历 3 次蜕皮。

终龄幼虫（幼虫的最后一个阶段）在树干中建造"蛹室"，并在蛹室中变成蛹。

犀金龟的一生

幼虫多栖息在质地像土壤一样柔软的腐烂树木中。犀金龟成虫喜欢的树液种类和锹甲虫喜欢的相同。

8 月左右，犀金龟把卵产在倒下的麻栎或枹栎树的木屑中。

幼虫靠吃木屑成长，会经历 3 次蜕皮。

初夏，在腐木的下部建造蛹室。几天后成蛹，大约 3 周后变成成虫。

在土中生活一周左右，直到身体变硬才爬出蛹室。

森林中的锹甲虫

锹甲虫雄虫的特点是拥有巨大的颚。雌虫显得普通一些，体形也相对较小。

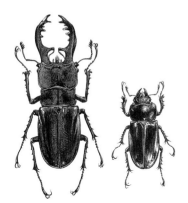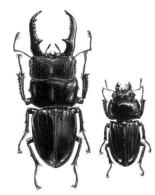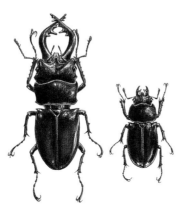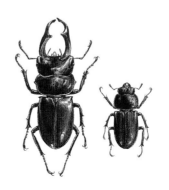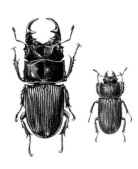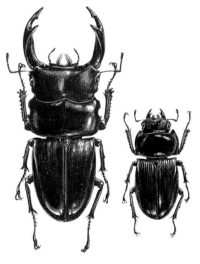

斑股锹甲

常见于海拔较高的麻栎林。体长 40 ~ 70 毫米。

扁锹甲

喜欢聚集到壳斗科树木的树液附近。体长 40 ~ 90 毫米。

锯锹

喜欢聚集到麻栎和榆树的树液附近。体长 35 ~ 70 毫米。

刀锹

非常常见的锹甲虫。体长 22 ~ 45 毫米。

沟纹肥角锹甲

常见于枯萎的阔叶树树干中。体长 15 ~ 30 毫米。

中国大锹

夜行性昆虫。体长 40 ~ 70 毫米。

杂树林的明星图册

锹甲虫、天牛等身体结构精妙、色彩靓丽的杂树林明星昆虫大云集！

天牛

多藏在采伐好的木材中，夜间喜欢聚集到光亮处。

白条天牛

大型天牛。幼虫的食物是栗树、麻栎、枹栎等木材。体长 45 ~ 52 毫米。

栗山天牛

夜行性的大型天牛。最喜欢麻栎、枹栎等树木的树液。体长 35 ~ 60 毫米。

锯天牛

特征为锯齿形的短触角和圆滚滚的身体。体长 25 ~ 50 毫米。

星天牛

泛着黝黑光泽的翅膀上点缀着白色斑点。在城市里也能见到。体长 25 ~ 35 毫米。

桑天牛

经常聚集到桑树、无花果树和苹果树上。体长约 35 毫米。

瘤叉尾天牛

这种天牛不会飞，只能在地面上爬行。体长 15 ~ 25 毫米。

黄星桑天牛

身上有黄色斑点。常聚集到桑树和无花果树上。体长 15 ~ 30 毫米。

蓝丽天牛

多见于山中的木材堆积处或倒下的树木上。体长 15 ~ 30 毫米。

1 日本石柯

壳斗科石柯属。结出的橡子形状细长，长 15 ～ 25 毫米。橡子帽上的纹路像鳞片一样。

2 日本栲

壳斗科栲属。多生长在温暖地区的山间。橡子被包裹在橡子帽中。橡子成熟后，橡子帽裂开，果实会掉到地上。橡子呈水滴形，长 10 ～ 15 毫米。晾干后味道更甜，非常好吃。

3 日本常绿橡树

壳斗科栎属。橡子形状为细长的椭圆形，长 10 ～ 20 毫米。橡子帽较深，表面约有 10 条横纹。

4 青冈栎

壳斗科栎属。特点是叶片只有前半部边缘呈锯齿状。橡子为圆形，长 15 ～ 20 毫米。橡子帽的表面约有 6 条横纹。

5 日本山毛榉

壳斗科水青冈属。生长在气候寒冷的山地，很多能长成参天大树。橡子看起来像荞麦的果实，长约 15 毫米。橡子帽上长满了柔软的刺，每个橡子帽中有两个橡子，可以直接食用。

会结橡子的树

6 枹栎

壳斗科栎属。这种树在街区附近很常见。分泌的树液能引来犀金龟等昆虫。主要用作木柴、木炭和香菇段木。橡子长 16 ~ 22 毫米。橡子帽像浅浅的酒盅。

7 栓皮栎

壳斗科栎属。橡子几乎为圆形，直径约 18 毫米。这种树和麻栎很像，不过，其独特之处是叶片背面布满一层灰白色的毛。

8 槲树

壳斗科栎属。多生长在寒冷地区和海岸附近。橡子为椭圆形，长约 15 ~ 20 毫米。数个橡子围成一圈，结在枝头。叶子是制作柏饼的原材料。橡子帽和麻栎的长得很像。

9 麻栎

壳斗科栎属。常见于杂树林等地。过去曾作为木柴和木炭的原材料而广泛种植。橡子是大大的球形，直径约 20 毫米。橡子帽外形非常像柔软的栗苞。

10 蒙古栎

壳斗科栎属。多生长在寒冷地区。长得很像枹栎，但叶子的缺刻更深，叶片表面几乎没有纹路。橡子为长椭圆形，体形较大，长 20 ~ 30 毫米。

用橡子做游戏

橡子是麻栎、青冈栎等壳斗科树木果实的统称，它们也是老鼠、熊等山中动物的重要食物来源。

其中，日本栲、日本山毛榉等树木的果实可以供人类食用。

去树林里捡橡子，体验秋季特有的乐趣吧！

爸爸，我在公园里捡了好多橡子。

哦，这个是日本栲的果实呢！

炒熟了可好吃呢。

我们再做点小手工吧。

真的很好吃呀。

↓ 橡子虫的真面目

有时，会有小小的白色毛虫从落在地上的橡子里爬出来，这种虫子俗名为"橡子虫"，是柞栎象、欧洲栎象等象甲家族的幼虫。象甲的幼虫靠吃橡子长大。成长到一定阶段后，幼虫会钻孔从橡子中爬出来，之后钻到地下，到第二年初夏化为成虫。

象甲成虫体长1厘米左右，长长的口器看起来就像一条象鼻子。成虫利用口器在尚未成熟的橡子上钻孔，把卵产在橡子中。

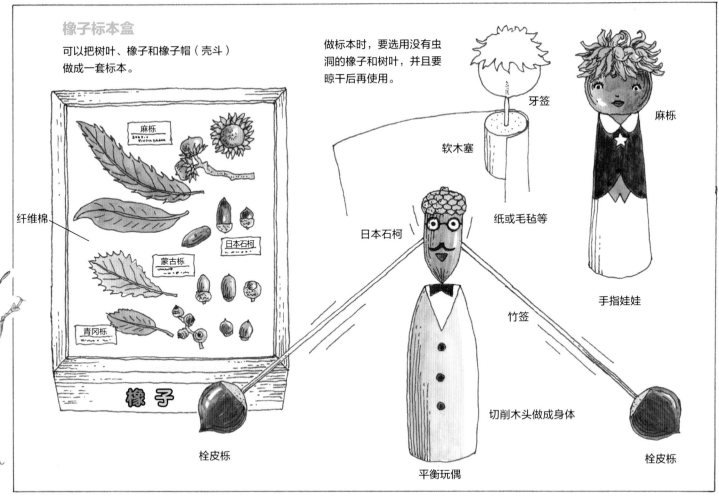

橡子标本盒

可以把树叶、橡子和橡子帽（壳斗）做成一套标本。

做标本时，要选用没有虫洞的橡子和树叶，并且要晾干后再使用。

纤维棉

麻栎

日本石柯

蒙古栎

青冈栎

橡子

牙签

软木塞

纸或毛毡等

麻栎

手指娃娃

日本石柯

竹签

切削木头做成身体

栓皮栎

平衡玩偶

栓皮栎

橡子是森林里的美食

如果橡子丰收，田鼠的数量就会增加，以田鼠为食的猫头鹰也会变多。
而熊吃下足够的橡子后，才会钻进山洞里冬眠或繁育后代。

大多数结橡子的树都能长成大树，鼯鼠等动物会在树洞里安家。

熊吃下营养丰富的橡子，准备冬眠或生育熊宝宝。

田鼠数量增加，捕食田鼠的猫头鹰就会变多。

橡子丰收了，田鼠等以橡子为食的小动物就会变多。

以橡子为食的田鼠和松鼠喜欢把橡子储存在落叶下面。一些橡子生根发芽，长成新的树。

捡到的是哪种橡子？

各种橡子都长得差不多，很难区分。
准确分辨橡子种类的诀窍是综合观察叶子和橡子帽的形状。

麻栎

叶子表面为带有光泽的绿色，背面为浅绿色。边缘有很多刺状锯齿。橡子帽形似酒杯，有点像栗苞。

枹栎

叶子在接近叶尖的部分最宽，边缘呈锯齿状。橡子帽形似酒杯，带有鳞片状纹路。

日本山毛榉

叶子为椭圆形，左右交互生长。橡子帽完全包裹住橡子，直到果实成熟时裂开。

日本栲

常绿树。部分叶子边缘呈锯齿状。橡子帽完全包裹住橡子。

日本常绿橡树

叶子为细长的椭圆形。表面深绿色，背面为浅绿色。橡子帽形似酒杯，带有横纹。

日本石柯

叶片很硬，接近叶尖的部分最宽。橡子帽形似酒杯，带有鳞片状纹路。

1 莢蒾
mí

忍冬科。多生长在日照充足的山林中。高 1.5 ～ 4 米。叶长 3 ～ 15 厘米，近于圆形，边缘处有缺刻。在红叶季节结束时，会结出小小的红果实，到下霜时成熟。

2 宜昌莢蒾

忍冬科。生长在山间的干旱树林中。外形酷似莢蒾，但比莢蒾稍小，高 1 ～ 3 米。果实很大，数量少，叶子比莢蒾小。8 ～ 10 月结果。

3 腺齿越桔

杜鹃花科。生长在丘陵和山上日照充足的树林中。高 1 ～ 2 米。叶长 4 ～ 6 厘米，细长椭圆形，长有稀疏的毛。7 ～ 10 月结果。果实直径约 8 毫米，红褐色，成熟后变黑。

4 木通

木通科。多生长在山林中。每个节上长有 5 片细长的椭圆形小叶。6 ～ 8 月结出形似红薯的紫色果实。果实成熟后会竖着裂开一道缝，露出白色果肉跟黑色种子。

5 三叶木通

木通科。和木通的生长环境相同，但多见于寒冷地区。正如其名，这种植物每个节上长有 3 片小叶。果实比木通果实要大一号。除果实之外，没有展开的叶片嫩芽也可以食用。

可以食用的秋季野果

6 **四照花**

山茱萸科。常见于山间。高约10米，枝条向四周水平伸展。叶子成对生长。果实在枝头向上生长，9～10月成熟变红。可用来制作果酒或果酱。

7 **葛藟葡萄** lěi

葡萄科。生长在山林周边。叶子呈三角状卵形，长4～9厘米。9月后，果实变黑。直径7～8毫米。可直接食用，也可做成果酱。

8 **山葡萄**

葡萄科。多生长在深山的山毛榉林中。叶长15～30厘米。深秋时节，叶子会变成紫红色。茎为红褐色，靠卷须攀附在其他树上。9～10月，直径约10毫米的果实成熟，变成紫黑色。

9 **软枣猕猴桃**

猕猴桃科。攀附在山林边缘的树木或岩石上生长。高度可达30米。叶片很大，呈椭圆形。9～10月，绿色的果实成熟，味道类似猕猴桃。俗名软枣子。

10 **桑叶葡萄**

葡萄科。可见于住宅附近的树丛里。叶子为圆润的五角形，有3～5个缺口，长4～8厘米，秋季变为橙红色。7～9月结果。成熟的黑色果实很酸，适合做果酱或酿酒。

收获山野的美味

秋季是收获的季节。

山野间的野果也到了收获的时候。

像平时去采摘葡萄、苹果那样，

到秋天的山野间，

采摘成熟的原生态水果吧！

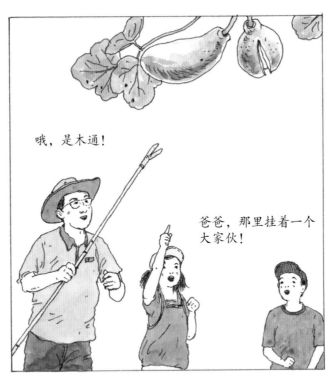

挑战秋季的美味菜谱!

小炒也好，做果酱也好，
只要稍微加工一下，
秋季的野果就能变成特别的
美食。

毛榛

葛藟葡萄

榛

牛奶子

山葡萄

宜昌荚蒾

软枣猕猴桃

三叶木通

四照花

软枣猕猴桃酱

软枣猕猴桃被认为是猕猴桃的
原种，味道也酷似猕猴桃。

- 软枣猕猴桃 500 克
- 细砂糖 1/2 杯
- 柠檬 1 个

软枣猕猴桃去蒂后放入锅中，倒入略多一些的水，
煮开。一边捞出浮沫，一边把软枣猕猴桃压烂。加
入细砂糖和柠檬汁，用小火熬制。用沸水给玻璃瓶
消毒，把熬好的果酱倒入玻璃瓶中就完成了。

味噌炒木通皮

除了甜甜的果实，木通的皮
也可以食用，味道微苦，和
味噌是绝配。
把木通皮切成大块，倒进油
锅翻炒。在味噌中加入少许
白糖和味啉搅拌后，倒入锅
中。待皮变软后出锅。多放
一些味噌可以中和木通皮的
苦味。

山葡萄泡菜

将山葡萄的果实和萝卜一起放入玻
璃瓶中，加入少许盐和防止褪色的
醋腌渍。放进冰箱中冷藏，可以保
鲜 3 个月。

1 砖红韧伞

球盖菇科。秋季生长在阔叶林中的树桩或倒木上。中型真菌。菌盖表面为浅栗色至暗红褐色。可挤出黏液。幼年时菌盖周围有一层白色薄膜。可食用。

2 美网柄牛柄菌

牛肝菌科。菌盖内侧呈海绵状，无菌褶。夏秋两季生长在壳斗科阔叶林和松树的混交林中。中到大型真菌。菌柄有网纹。菌盖为暗栗色至土黄色。可食用。

3 细柄丝膜菌

丝膜菌科。秋季生长于枹栎和蒙古栎的阔叶林中。常为数株聚生。中型真菌。菌盖表面为金黄色，最初为豆包状，长大后菌盖展开。菌柄多弯曲。可食用。

4 多汁乳菇

红菇科。夏秋两季生长在阔叶林中。中型真菌。菌盖表面为土黄色至橙褐色，看起来像天鹅绒。伤口会流出白色汁液，后逐渐变为褐色。水分少，但味道鲜美。

5 蜜环菌

白蘑科。春季至秋季生长在阔叶林和针叶林中的树桩或倒木上。中型真菌。菌盖为金黄色至橙褐色，正中间长有细毛。菌柄上长有菌环。味道鲜美，但生吃会中毒。

秋季杂树林中的菌菇

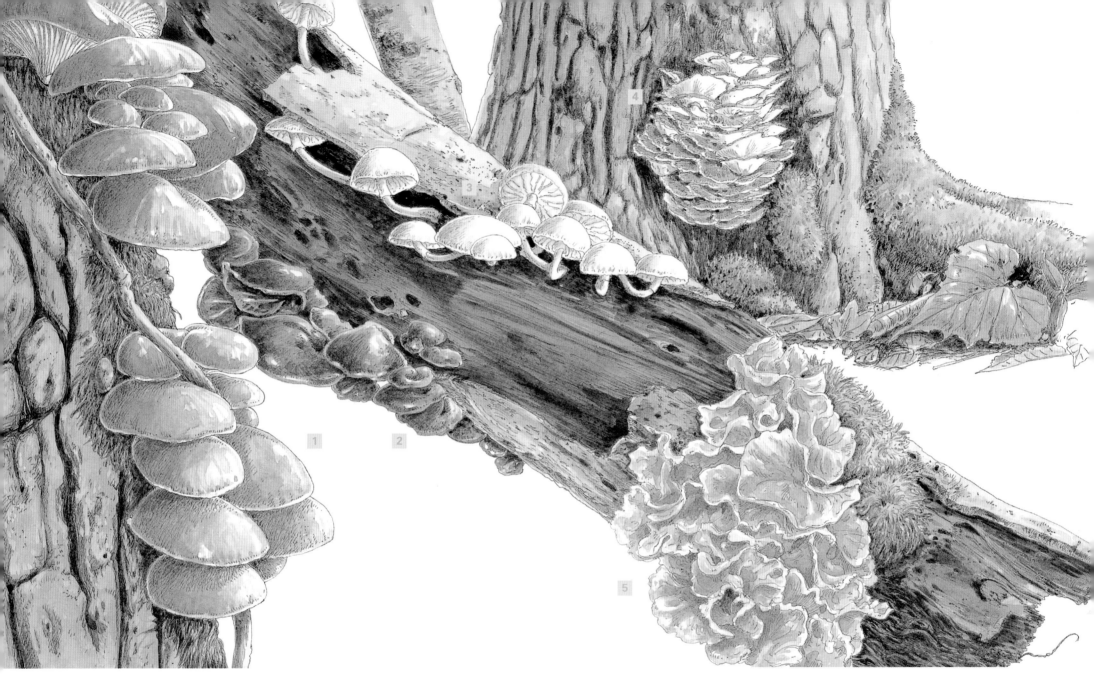

1 亚侧耳

侧耳科。秋季生长在山毛榉或蒙古栎的树林中。菌盖呈半圆形，为黯淡的浅黄色。表面很黏，长有细密的毛。中型真菌。需要注意的是，有时中间夹杂生长着有毒的月夜菌。

2 木耳

木耳科。春季至秋季生长在枯萎的阔叶树上。从低地的公园到高山上的原生林里都能见到。质地柔软，呈胶质状，形态多样。颜色为微微透明的深褐色。

3 网褶小奥德蘑

白蘑科。春季至秋季主要生长在山毛榉的枯木或倒木上。中型真菌。白色菌盖质地柔软，很黏。用开水焯一下，浇上蜜糖，就是一道甜品。

4 灰树花

多孔菌科。9 月下旬～10 月上旬生长在壳斗科树木的根部。扇形的菌盖叠在一起，组成直径大于 30 厘米的菌株。菌盖为灰色至深褐色。香味、口味俱佳。

5 茶色银耳

银耳科。春季至秋季生长在枯萎的枹栎、蒙古栎等阔叶树的树干上。形似花瓣，为半透明的肉色，成群生长，可形成直径约 10 厘米的群体。胶质，能煮出鲜美的高汤。

秋季
树上的
美味菌菇

6 猴头菇

猴头菇科。夏秋两季生长在阔叶林中的树木或倒木上的中型真菌。没有菌盖，会垂下许多肉刺。接近球形。白色，成熟后变为浅黄色。内部呈海绵状，吸水能力强。

7 侧耳（平菇）

侧耳科。秋末至冬季生长于阔叶树枯树上。在多雪地区，雪融时期也能见到。菌盖成长后变为灰褐色。人工培育的侧耳就是"平菇"。中大型真菌。

8 斑玉蕈（蟹味菇）

白蘑科。生长在山毛榉、七叶树、榆树等树木的倒木或树桩上。菌盖表面为灰白色，裂纹呈大理石纹路。中型真菌。有嚼劲，无异味，深受人们喜爱。

9 香菇

侧耳科。出现于春秋两季。多生长在蒙古栎、枹栎和麻栎上。菌盖为浅褐色至深褐色。幼年时边缘长有白色柔毛。自古就被人们广泛培育，野生香菇很少。中型真菌。

10 光滑环锈伞（滑菇）

球盖菇科。秋末常见的中型真菌。主要生长在山毛榉等树的枯树、倒木和树桩上。菌盖为浅褐色。表面黏滑，成熟后黏液消失。

杂树林的恩赐——菌菇

菌菇就生长在你家附近的杂树林里，
掌握诀窍就能很快发现它们。
不过，其中有不少是有毒的，
最好先请熟悉菌菇的人带路。

➡ 森林回收小能手——菌菇

树在倒下或受伤后，很快就会长出菌菇。
菌菇伸长菌丝，吸收树干的养分成长。菌
菇的菌丝使树木逐渐腐烂、分解，回归大
地，化作营养源，为新一代树木的成长提
供能量。菌菇是森林的清洁工，也是植物
养分的提供者。

夏天我和爸爸一起来
这里捉过锹甲虫！

是嘛。砍一些树枝，
修剪一下吧。

这个季节，杂树林里有很
多好吃的呢！

我孙子真棒！

我知道！这个就是
蘑菇吧！

认识菌菇的结构

菌菇和霉菌都是"菌类"家族的成员，通过孢子繁殖。辨别菌类的关键在于观察它们具备哪些器官。

采集时记得连根部一起挖出来。

■ 菌盖

内侧长有生成孢子的器官。

■ 菌褶

生成孢子的器官。牛肝菌科、多孔菌科等的菌褶呈海绵状。

■ 菌环
（内菌幕）

幼年时保护菌褶的膜的残留部分。

■ 菌柄

颜色、纹路、是否空心都是辨别种类的要点。

■ 菌托
（外菌幕）

幼年时包裹整体的膜的残留物。

菌菇从哪里长出来

菌菇自身无法制造养分，只能和树木交换养分，或者寄生在树木或昆虫身上，汲取后者的营养。每种菌寄生的对象相对固定。

长在树上的菌

侧耳

腐生菌。营养来源于朽木和落叶。使木材最终腐烂分解的菌菇被称为"腐生菌"。

长在地面的菌

厚环粘盖牛肝菌

共生菌。与树木结为共生关系，菌丝缠绕在树根上，与树木互相提供养分。这种菌菇名叫"菌根菌"。

长在昆虫体内的菌

冬虫夏草

寄生型菌菇。寄生在活着的生物体内，单方面汲取后者的营养。寄生在昆虫体内的就是冬虫夏草。

去野外采摘菌类吧

只要牢记每种菌菇汲取的是哪种树木的营养，寻找起来就轻松多了。同种菌菇经常聚生。找到一株后，不妨在它的周围也找找看。

不过，千万别因太入迷而迷路了哦！

真菌采摘高手的工具

■ 编筐

从缝隙间飞出去的孢子，明年会长出新的菌菇吗？
※ 前往深山时，记得带上蛇药、防虫喷雾。

■ 带网兜的刮刀

把长在大树高处的菌菇刮下来。

警惕毒菌

簇生黄韧伞

外形酷似砖红韧伞，但颜色偏黄。

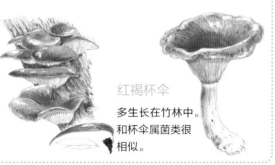

月夜菌

菌褶在夜间能发出微弱的光。

红褐杯伞

多生长在竹林中。和杯伞属菌类很相似。

跟奶奶学做菌菇菜肴

菌菇能炖出鲜美的高汤，是煲汤炖锅的必备食材。
相较于超市里贩售的人工培育的菌菇，
野生菌菇的味道更加鲜美。
多雪地区的人们大量收获菌菇后，将其贮存起来，可以美
美地享用一整个冬天。

菌菇的处理方法

先用剪刀剪掉带泥土的菌柄部分，
再用手或刷子清理残叶等大块的脏物。

将清理后的菌菇浸入水中，洗掉菌褶间的灰尘和小昆虫。

烧开一锅盐分略高于海水的盐水，将菌菇放入锅中煮2~3分钟后关火。其间，把浮在上层的脏物和虫子捞走。

菌菇的贮存方法

有晒干、盐腌等多种方法。
这里介绍两种简便的方法：

冷冻贮存

把菌菇切成适当大小，煮熟后放凉。再连汤一起倒入密封袋，放入冰箱冷冻保存。分装成小袋保存会更方便。

盐腌贮存

把清洗后的生菌菇和盐搅拌后装入容器中，吃之前用水洗去多余的盐分，这是一种传统的贮存方法。

菌菇饭

菌菇用味啉和酱油调味，再用煮菌菇的水蒸饭。饭蒸好后把菌菇拌进饭里。

菌菇美食

煲汤、烧烤、小炒……
无论怎么烹饪，菌菇都很美味，
菜式也非常丰富，
深受全世界人们的喜爱。
很多地方还有很多特色菌菇美食，
亲自尝一口，
肯定就能记住菌菇的种类！

菌菇汤

水烧开后，放入切成适当大小的菌菇块、茄子和油豆腐。炖一段时间后，加入料酒和酱油调味，就完成了。
用味噌调味，味道也很不错。

糖浆茶色银耳

将茶色银耳洗净后，焯水杀菌。
用水和白糖熬成糖浆，
把茶色银耳泡在其中，冰镇。

奇形怪状的蘑菇

杂树林中还有很多有趣的蘑菇，
它们其貌不扬，却可以食用。
下面就来介绍几种：

佛手爪鬼笔 ➡

会散发恶臭，吸引苍蝇。据说洗净异味后是一种罕见的美食。

⬅ 白鬼笔

菌盖表面呈网眼状，带有恶臭。如果能忽略臭味，也可以用来炖菜、蒸菜。

⬅ 长根奥德蘑

菌柄的地上部分和地下部分都很长，形态奇特。可作为牛肉火锅、菌菇蒸饭、炸菜的食材。

梭形黄拟锁瑚菌 ⬆

许多根扁平的"棒"聚在一起，形成水滴状。可凉拌，也可裹面糊油炸。

1 山百合

百合科。笔直的茎上结出 2 ~ 3 枚果实。这种形态的果实是百合科植物的特征。生长在草原或树林边缘等地。高约 1 ~ 1.5 米。原产于日本。

2 菝葜 *bá qiā*

百合科。秋末果实成熟变红。茎弯曲呈"之"字形，长有卷须和刺，是插花和制作花环的常用材料。从山林到海岸都有广泛分布。

3 重齿毛当归

伞形科。花朵形似仙女棒烟花，冬季也能观察到。去掉茎上残留的枯叶，就是一枝美丽的干花。高 1 ~ 2 米。生长在山坡或光线充足的草原上。

4 大百合

百合科。笔直的茎上斜向结出 10 ~ 20 枚果实。秋末，果实裂为 3 瓣，种子进出。高约 1.5 米。

5 赤瓟 *páo*

葫芦科。生长在林缘和灌木丛中，秋末结出长约 5 ~ 7 厘米的红色果实种子。5 ~ 8 月花朵会在夜间绽放，在早晨合拢。

天然干花

6 泽八绣球

虎耳草科。形似花瓣的部分其实是萼片。真正的花呈小颗粒状，长在中心。花期6～8月。叶子是大大的椭圆形。高1～1.5米。

7 南蛇藤

卫矛科。秋季叶子变黄。9～10月果实成熟，会变成黄色，并裂成三部分。种子包裹在橙黄色的果实中。叶子形似梅叶。

8 野蔷薇

蔷薇科。常见于光线充足的地方。秋季成熟变红的果实到了冬季依旧颜色鲜艳。茎为绿色，多刺，多株缠在一起形成灌木丛。5月开出白花。高1～4米。

9 山牛蒡

菊科。多见于山中草原或林缘。6～10月，深紫色的花朝下绽放。高1～1.5米。叶片背面的柔毛曾被用作点火的材料。

10 地榆

蔷薇科。茎笔直挺拔，顶端分叉。生长在日照充足的地方。7～10月开出深红色的花，看起来像花瓣的部分其实是萼片。叶子是椭圆形的小叶。高70～100厘米。

在冬季的原野上
寻找干花

很多野花干枯后仍保持生长时的姿态，
这些天然干花别具魅力，
展现出与绚烂绽放时不同的一面。
可以把它们捆起来做成挂饰、花环，
用来制作手工艺品也是不错的选择。

泡一壶蔷薇果茶

蔷薇果即蔷薇的果实。首先把果实洗净，
切成四瓣。去除果实里面的刺和种子，放
置在通风良好的地方晒1个月左右。然后
将蔷薇果干放入茶壶，注入热水，泡2～3
分钟，就能享用了！

瞧，我插的天然干花。

嘿嘿！

哈哈！

枯萎的花也能
这么惊艳！

真漂亮！

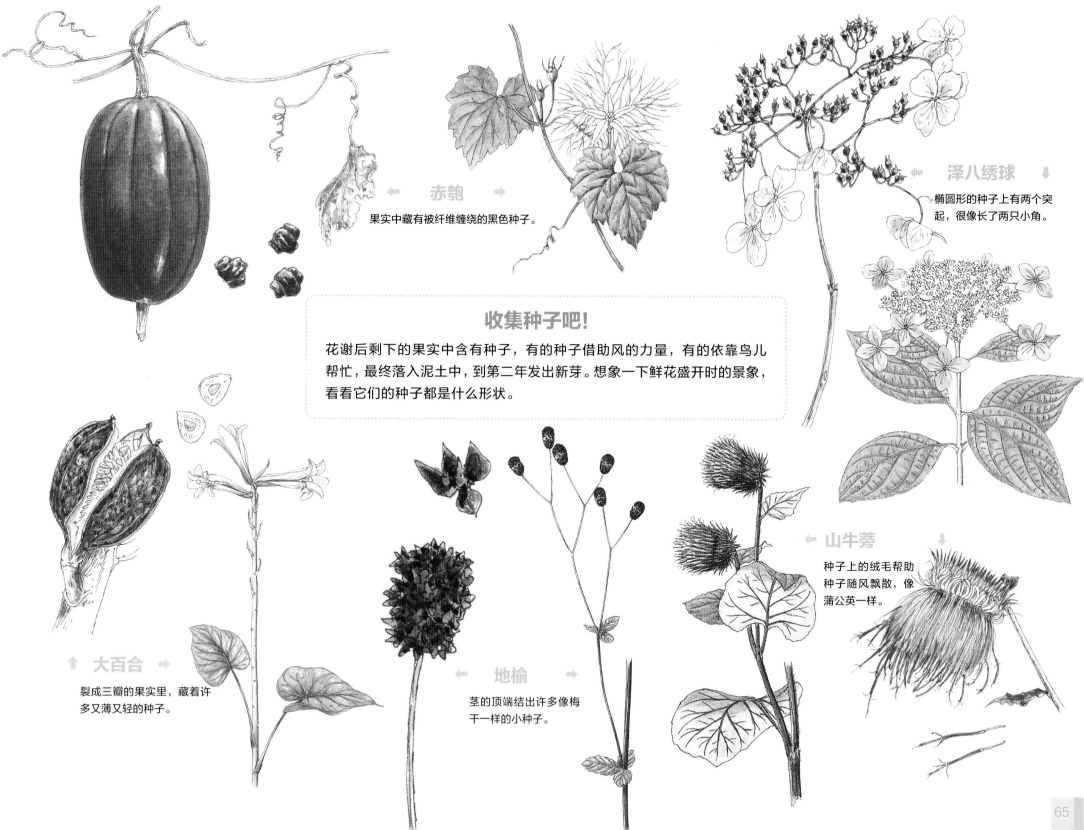

赤瓟

果实中藏有被纤维缠绕的黑色种子。

泽八绣球

椭圆形的种子上有两个突起，很像长了两只小角。

收集种子吧!

花谢后剩下的果实中含有种子，有的种子借助风的力量，有的依靠鸟儿帮忙，最终落入泥土中，到第二年发出新芽。想象一下鲜花盛开时的景象，看看它们的种子都是什么形状。

大百合

裂成三瓣的果实里，藏着许多又薄又轻的种子。

地榆

茎的顶端结出许多像梅干一样的小种子。

山牛蒡

种子上的绒毛帮助种子随风飘散，像蒲公英一样。

冬季来院子做客的野鸟

1 金翅雀

展翅飞翔时，翅膀上鲜艳的黄色斑纹非常醒目。体形和麻雀差不多大，有时数百只成群行动。通常几只一起飞到院子里。喜欢吃向日葵种子。体长约15厘米。

2 斑鸫 dōng

特征是翅膀上的栗色和头部的白色眉纹。每一只斑鸫的翅膀颜色和胸前的黑色鳞状斑点都不同。喜欢吃树木的果实，但也会在地面上蹦跳着寻找食物。体长约24厘米。

3 暗绿绣眼鸟

身体为黄绿色，眼周有一圈白边。经常组成小群体活动，叽叽喳喳地鸣叫。有时还能在这个小群体中看到树莺。喜欢吃花蜜和熟透的柿子。体长约12厘米。

4 北红尾鸲 qú

雄鸟（右）头部为银色，看起来像是橙色的身体上披着一件黑色外套。翅膀带白色的斑纹。雌鸟身体为灰褐色。喜爱单独活动。时常频繁地上下摆尾，好像在鞠躬。体长约15厘米。

5 大山雀

头部为黑色，胸部到腹部的黑色条纹看起来就像是一条领带。雄鸟的"领带"更宽。它们会聚集到喂食器周围，也会住进人工搭建的鸟屋中，不过它们的警惕心很强。体长约15厘米。

6 煤山雀

头部为黑色，颈部的纹路好像打着蝴蝶结，腹部为白色。头部羽毛竖起时，头顶看起来很尖。翅膀上的白色纹路是它的特色。它是山雀家族中体形最小的成员。体长约11厘米。

7 褐头山雀

外形酷似煤山雀，但头部更圆，翅膀为灰色。有时和其他种类的山雀或银喉长尾山雀结队行动。好奇心很强。体长约13厘米。

8 灰喜鹊

头部为黑色，蓝色翅膀和长长的尾巴非常醒目。形态美丽动人，会发出"喳喳"的叫声。大多喜欢集体行动，在固定的地点活动。体长约37厘米。

9 栗耳短脚鹎

全身灰色，尾巴略长。头胸部的羽毛经常看上去是倒立的。喜欢吃树木的果实、柿子、山茶花蜜。叫声为"啤——唷，啤——唷"。体长约28厘米。

10 小星头啄木鸟

体形小巧，特征是黑白相间的斑纹，停靠时紧紧攀附在树干上。啄木的声音很小，反而是"唧唧"的叫声更引人注目。经常成对或一家栖息在一起。体长约15厘米。

1 绿翅鸭

体形较小。雄鸟头颈部有一块绿色带斑，尾部两侧各有一块三角形的黄斑。背部和腹部为灰色，带有波纹形斑点。雌鸟身体为褐色，带有深褐色斑纹。体长约37.5厘米。会飞往南方越冬。

2 斑嘴鸭

不同于其他野鸭，斑嘴鸭雄鸟和雌鸟的体色基本相同。全身为褐色，黑色的嘴的前端为黄色，面部有两条黑线。初夏时期可观察到雏鸟。体长约60.5厘米。

3 鸳鸯

雄鸟的羽毛非常鲜艳，头部的冠羽和背后的直立羽是它的特色。雌鸟几乎全身灰褐色。在树上筑巢，栖息在山中溪流等地。体长45厘米。

4 赤颈鸭

中型野鸭，嘴和颈都很短。雄鸟从额头到头顶为浅黄色，颈部和胸部为深褐色。雌鸟全身褐色。雄鸟的叫声类似口哨声。体长约49厘米。冬季会飞往南方越冬。

5 红头潜鸭

雄鸟头颈部为红褐色，胸部和尾部为黑色，其余为灰色，眼睛为鲜红色。雌鸟的头、后颈和胸为褐色，身体为灰褐色。会潜入水下寻找水草为食。体长约45厘米。冬季会飞往南方越冬。

冬季公园池塘里的野鸭

6 凤头潜鸭

雄鸟体侧及腹部为白色，其余部分为黑色。眼睛为黄色，冠羽垂在头部后方。雌鸟全身黑褐色。会潜入水下捕食虾、蟹、水生昆虫等。体长约40厘米。冬季会飞往南方越冬。

7 绿头鸭

雄鸟头部为黑色，带有绿色光泽，颈部有白色领环，脚为橙黄色。尾羽向上卷曲。雌鸟全身褐色，形似斑嘴鸭，但嘴的颜色和雄鸟不同。体长约59厘米。冬季会飞往南方越冬。

8 琵嘴鸭

体形较大，扁平的黑嘴是它们标志性的特点，可以过滤水中的浮游生物。雄鸟的眼睛为黄色，颈部到胸部为白色，体侧和腹部为红褐色。体长约50厘米。冬季会飞往南方越冬。

9 白秋沙鸭

嘴很细，前端向下弯曲。雄鸟全身以白色为主，眼周、头后部及背部为黑色，胸部有两条纹路。雌鸟头部为深褐色，身体为灰色。体长约42厘米。冬季会飞往南方越冬。

10 针尾鸭

雄鸟的尾羽像"针"一样，又长又直。头部为巧克力色，胸部到颈部有一条白色纹路，体长约75厘米。雌鸟的尾羽也较长，全身为褐色，体长约53厘米。冬季会飞往南方越冬。

趁着冬季和野鸟交朋友

每年冬季，很多候鸟会从北方飞往南方，
平时冷清的南方公园池塘便热闹起来。
另外，天一冷，山上没了食物，
山中的鸟儿们也会飞到城市觅食，
所以，冬季是南方人观察鸟类的最佳季节。

观察野鸭的乐趣

绿头鸭、针尾鸭等野鸭，常常出现在公园
的池塘中。它们体形较大，并且已经习惯
了被人围观的生活。我们可以近距离观察
它们，不用望远镜也能把细节部分看得一
清二楚。因此，它们很适合作为素描的对象。
边画画边记录下野鸭们的形态吧！

要不要画张素描？

到了冬天，公园的池塘
就变得这么热闹啊！

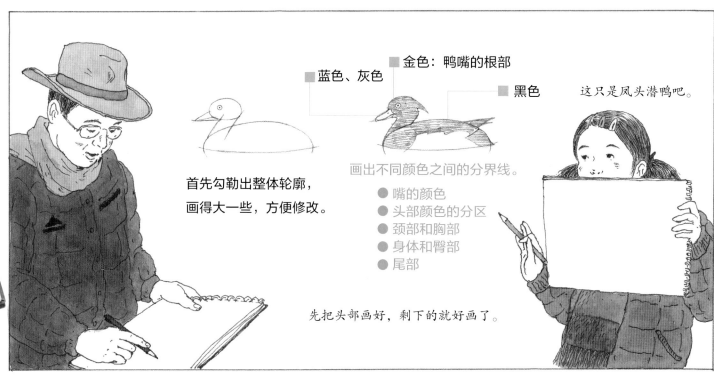

首先勾勒出整体轮廓，
画得大一些，方便修改。

■ 金色：鸭嘴的根部

■ 蓝色、灰色

■ 黑色

这只是凤头潜鸭吧。

画出不同颜色之间的分界线。

● 嘴的颜色
● 头部颜色的分区
● 颈部和胸部
● 身体和臀部
● 尾部

先把头部画好，剩下的就好画了。

悬挂小屋

如下图所示，在木板左右各切下一块山形的木块。然后，另取一块木板作为底部，将山形木块钉在这块木板上方作为支柱，最后搭上屋顶，挂在房檐下或树枝上即可。

简便的网兜喂食器

用网兜装上肥牛肉或肥猪肉，然后挂在树枝上。肥肉是大山雀等鸟儿最爱的食物。

塑料瓶喂食器

在瓶身上插入供小鸟停靠的木棒。在瓶身各处开孔，保证小鸟能从小孔中啄出瓶内的树木果实和向日葵种子。

野鸟餐厅开张啦！

在院子里或阳台上设置野鸟喂食器，
把山里的鸟儿引过来吧！每种鸟儿喜爱的食物都不一样，
根据目标准备特定的食物也是一次有趣的实践！

附带小水池

洗澡可以帮助鸟儿洗掉身上的灰尘和寄生虫，所以这是一件重要的事。准备一个小水池，就能观察野鸟洗澡或喝水的场景。

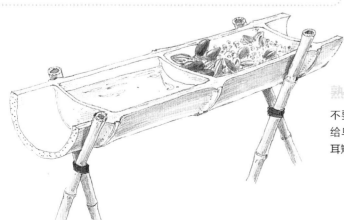

熟透的柿子

不要摘柿子，把它们全都留给鸟儿吧！暗绿绣眼鸟和栗耳短脚鹎很喜欢吃水果。

最受鸟儿欢迎的菜品

下面公开野鸟餐厅的特制佳肴。
做法简单，口味极佳。

向日葵种子
大山雀

向日葵种子适合吸引大山雀等山雀家族成员以及金翅雀。

小鸟蛋糕
栗耳短脚鹎

按2:1:1的比例准备面粉、白糖和黄油，然后加入鸡蛋、牛奶和碎核桃仁搅拌，分成拇指大小的小块。褐头山雀、大山雀和小星头啄木鸟也很喜欢吃小鸟蛋糕。

柑橘
暗绿绣眼鸟

柑橘是暗绿绣眼鸟最爱的食物。不准备喂食器，就把半个柑橘插在树杈上，也能引来暗绿绣眼鸟。

1 薄荚蛏 chēng

竹蛏科。壳长约 3.5 厘米。栖息在浅海的泥沙中。呈细长扁平的椭圆形。壳很薄，多有破损，但在暴风雨过后，有时也能拾到完好无缺的贝壳。

2 杂色鲍

鲍科。栖息在海岸的岩石上。壳较平，有 6 ~ 8 个小孔，呼吸时水经由小孔排出。外形与鲍鱼非常像，但壳上的小孔更多，而壳长只有 7 厘米左右，比鲍鱼小。可食用。

3 扁玉螺

玉螺科。壳直径约 12 厘米。栖息在海岸或水下 1 米左右的海底泥沙中。壳为褐色，底为白色。会用腹足覆盖在双壳贝和螺的壳上打孔，食用壳内的肉。

4 中华马珂蛤 gé

马珂蛤科。壳长约 6.5 厘米。栖息在水下 30 米左右的海底泥沙中。形似文蛤，但壳更薄，内侧为紫褐色。

5 紫藤斧蛤

斧蛤科。壳长约 1.5 厘米。涨潮时被海浪冲上海岸，退潮时被海浪冲回大海。壳呈三角形，经常能在海滩上见到。

海滩
上的贝类

6 扇状白樱蛤

樱蛤科。壳长约 4 厘米。栖息在水下
10 ～ 30 米的海底泥沙中。壳为白色，
有光泽，较扁平，边缘像刀刃一样薄。
经常带有被扁玉螺袭击后留下的孔。

7 斧文蛤

帘蛤科。壳长约 10 厘米。壳很厚，
呈三角形，边缘弧度较小。栖息在浅
海海底。斧文蛤在日本料理中是一种
高级食材。

8 大鲳螺

钟螺科。壳直径约 4 厘米。栖息在水
下 10 米左右的沙地上。壳为蓝灰色，
多带有黑白相间的条纹。

9 贻贝

贻贝科。壳长约 6 厘米。吸附力很
强，能牢牢地附着在海岸到水深约 3
米处的岸壁上。壳很薄，带有暗紫
色的光泽。我国沿海部分地区俗称
之为"海虹"。

10 大毛蚶 han

魁蛤科。壳长约 8 厘米。栖息在水下
10 ～ 30 米深的沙地上。壳厚且隆起。
壳上的条纹固定有 38 条。与它同类
的毛蚶有 32 条，魁蚶有 42 条。可
食用。

1 文殊兰

石蒜科。生长在气候温暖地区的海岸沙地上。高70~100厘米。带状叶片长40~70厘米。粗壮的茎从叶子间抽出。7~9月的傍晚会绽放出香气浓郁的白花。

2 蓝花子

十字花科。生长在村落附近的沙滩上。高约40厘米。叶片长10~20厘米，缺刻大，形似羽翼。4~6月开出淡紫红色的花。果实呈圆柱形，顶端果实收缩变细，呈念珠状。

3 海滨山黧豆

豆科。生长在海边沙地上。长约1米的茎匍匐在地面，前端向上翘起。小叶4~6对，长有卷须。花期5~7月，其间花朵从紫红色逐渐变为蓝紫色。

4 肾叶打碗花

旋花科。茎向地下延伸生长，许多株聚生在一起。夏季会开出淡红色的喇叭花。圆形的叶子长2~5厘米。叶片肥厚，可以经受住水分的蒸发和海水盐分的侵蚀。

5 珊瑚菜

伞形科。多生长在海边的沙地上。高5~15厘米。叶为椭圆形，长2~5厘米，叶片肥厚有光泽。根又粗又直。嫩叶可以作为刺身的配菜。6~8月，枝头会开满小白花。

早春的
海岸植物

在冬季的海边寻宝

冬季的海边遍地是宝。
在西北风呼啸的冬季，
贝壳、海藻和从外国漂流来的宝贝，
被海浪拍上了岸。
寻宝寻累了，就去观察生长在严酷环境中的
海岸植物吧！

⬇ 文件夹标本盒

冬季浪大，气候寒冷，所以有很多死亡的
贝类被海水冲上海滩。在海滩上捡拾完好
的贝壳，把它们整齐地贴到硬纸板上做成
标本，再装进塑料文件夹中保存，就是一
个漂亮的标本盒啦！

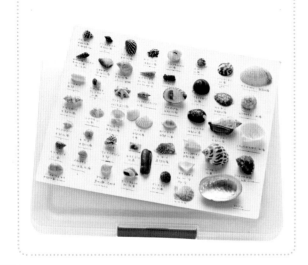

没有茎！往下挖挖看。

找到了一个漂亮的贝壳。

这些裙带菜看着就好吃，
今晚拿它做小菜吧。

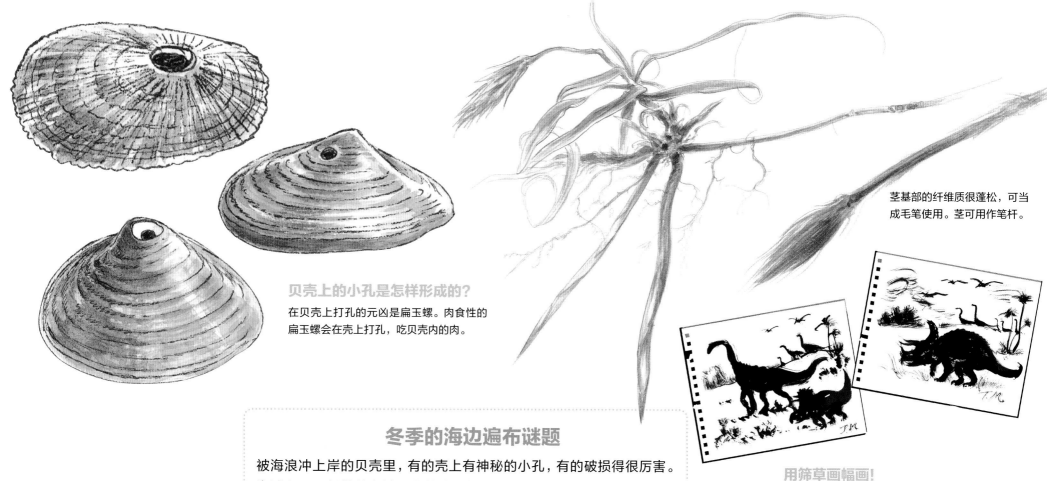

茎基部的纤维质很蓬松，可当成毛笔使用。茎可用作笔杆。

贝壳上的小孔是怎样形成的？

在贝壳上打孔的元凶是扁玉螺。肉食性的扁玉螺会在壳上打孔，吃贝壳内的肉。

用筛草画幅画！

筛草又名"毛笔草"，吸水性很强。用它蘸满颜料，大胆地创作吧。

冬季的海边遍布谜题

被海浪冲上岸的贝壳里，有的壳上有神秘的小孔，有的破损得很厉害。
海滩上，看似散落在地面上的叶子却能连成一条条轨迹。
为什么会这样？让我们揭开冬季海边的谜题吧。

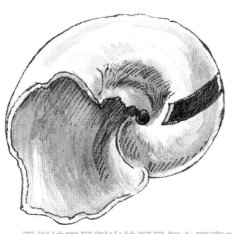

看似被刀具割出的洞是怎么回事？

壳边留有直线形切割的痕迹，或者壳严重破损，说明贝壳曾遭到螃蟹攻击。

沙苦荬菜没有茎？

沙苦荬菜的叶子即使被埋在沙子之下也不会枯萎。它的茎（地下茎）在沙子中延伸，不断长出新的叶子。这是沙苦荬菜在沙滩上生存的智慧。

1 红嘴鸥

冬季会飞往南方越冬。在河湖等地都能观察到。体长约40厘米。嘴和脚为鲜红色，春季头部会变成深褐色。成鸟的背部及翅膀上侧为蓝灰色，幼鸟为褐色。杂食鸟类。

2 苍鹭

体长约93厘米。在各地水边都可见到，全身蓝灰色，嘴和脚为土黄色。眼睛上方有一撮形似眉毛的黑毛，和头部的冠羽相连。可长时间站立不动。会集体栖息在树林里。

3 大白鹭

体形最大的白鹭。体长约90厘米。一年四季都可以观察到。全身白色，嘴为黄色，脚为黑色。夏季繁殖期间，大白鹭的嘴会变成黑色，眼周会变成蓝绿色。

4 三趾鹬

迁徙期间可以观察到的候鸟。体形和黑腹滨鹬相仿，但三趾鹬的嘴又短又直。冬羽上部为灰褐色，下部为白色。体长约19厘米。因为长有3根脚趾，所以被命名为"三趾鹬"。

5 黑翅长脚鹬

多见于滩涂和水田中。特征是拥有粉色的长腿。体长约32厘米。会发出"咔咔""唧唧"的叫声，声音洪亮。

滩涂
周围的
野鸟

6 黑腹滨鹬

常见的鹬家族成员。在中国主要为旅鸟和冬候鸟，9~10月迁来，4~5月离开。体长约21厘米。冬羽背部为灰色，腹部为白色。在海岸、海湾、河口等地捕食。

7 白腰杓鹬 (sháo)

全身深棕色的大型鹬。体长约60厘米。嘴长长的，前端弯曲，可以捉住泥土中的螃蟹。腹部的下侧、腰部以及翅膀下部为白色。

8 环颈鸻 (héng)

小型鸻，体形比麻雀稍大一些。体长约17.5厘米。一年四季均可观察到。栖息在滩涂、河口沙地、人造海岸等地。冬季会迁徙到温暖的地区，常和黑腹滨鹬一起组成庞大的群体。

9 灰斑鸻

大型鸻，春秋两季迁徙时会经过中国，有些也会在中国越冬。一双大眼睛用来搜找螃蟹和沙蚕。体长约30厘米。图中的灰斑鸻是冬羽。夏羽从面部到腹部均为黑色，背部有黑白斑纹。

10 鸬鹚 (lú cí)

羽毛有光泽的黑色大型水鸟，一年四季都可以观察到。前端弯曲的嘴为褐色，眼睛为蓝绿色。体长约83厘米，体重约2.5千克。能潜入水下捕鱼。会成群在树上筑巢，也会结队飞行。

热闹的冬季滩涂

对于越冬的水鸟来说，
栖息着无数鱼、蟹、沙蚕等生物的滩涂
是食物的补给站。
鸬鹚集体捕猎，有时还会抢夺猎物，
滩涂周围总会发生各种"事件"。

⬇ 不可错过退潮前后的两小时！

在滩涂捕猎的水鸟总会在退潮时现身，在涨潮后消失。在退潮后的短暂时间内露出的小块陆地上，可以一次性观察到鸟类、螃蟹、贝类等各种不同的生物。

滩涂上的螃蟹

痕掌沙蟹

弧边招潮蟹

圆球股窗蟹

哇！ 噢噢噢！

鸬鹚开始集体捕猎了！

快点走，
快点走！

哗啦——

哗啦——

哗啦——

它们在抢一条
鳗鲡呢。

一口吞下。

啊……

观察水鸟进食

即使是同一种类型的鸟，嘴的长短不同，食物也会不一样。
而且，它们捕捉猎物的方法也是五花八门，让人应接不暇。

走走停停、追赶猎物的鸻

快步地走走停停，用大眼睛搜寻猎物。一旦发现猎物，便迅速追上去。

用可开合的嘴尖灵活捕食的白腰杓鹬

嘴尖碰到猎物后，不用把嘴拔出来，直接张开嘴的前端，把猎物夹住。

擅长水下作战的鸬鹚

潜入水下捉鱼。有时同伴间相互帮助，集体捕鱼。

边走边觅食的鹬

一边用长长的嘴伸进泥土中搜寻猎物，一边走路。

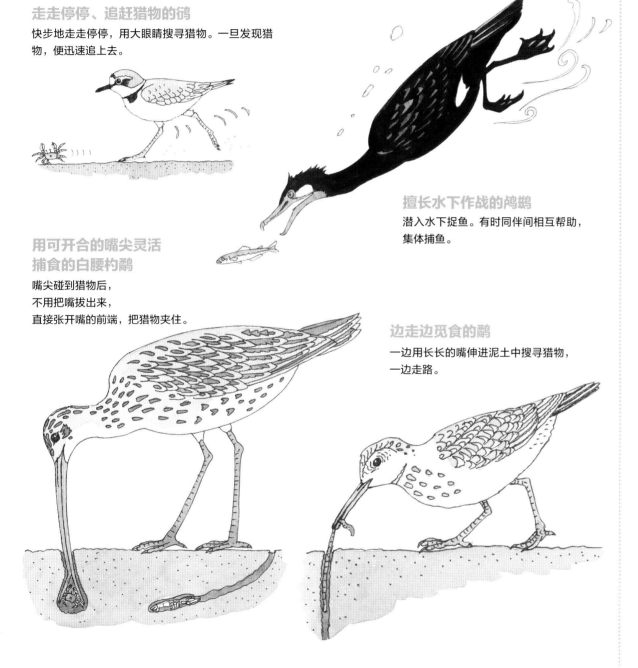

保护海洋的滩涂生物

滩涂是贝类、蟹类以及许多生物的家园，
而这些生物中的大多数都拥有分解海洋污染物、净化水源的能力。
滩涂很容易被填埋，为了造田，滩涂渐渐从我们的生活中消失。
但无论对生物，还是人类来说，滩涂都是不可或缺的重要生态环境。

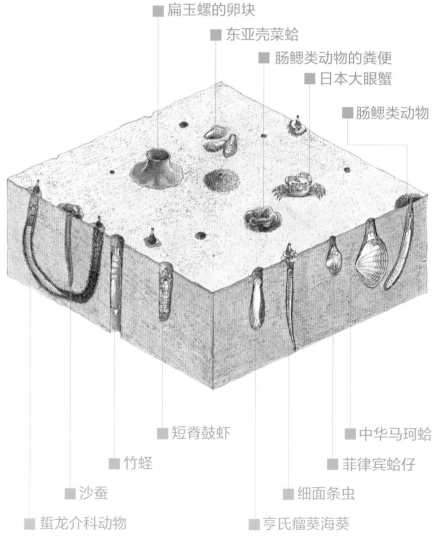

■ 扁玉螺的卵块
■ 东亚壳菜蛤
■ 肠鳃类动物的粪便
■ 日本大眼蟹
■ 肠鳃类动物

■ 短脊鼓虾
■ 竹蛏
■ 沙蚕
■ 蚤龙介科动物
■ 中华马珂蛤
■ 菲律宾蛤仔
■ 细面条虫
■ 亨氏瘤葵海葵

1 **褐河乌**

雀形目河乌科。栖息在山涧溪流附近。全身深褐色，和灰椋鸟差不多大。体长约 22 厘米。会潜入水下捕食溪流中的水生昆虫。足迹为竹叶形，前面三道足迹，后面一道。

2 **北松鼠**

啮齿目松鼠科。前后足足迹会连成一片。两个大足迹（后足）和两个小足迹（前足）会成对出现。后足足迹长 5～6 厘米，宽约 3.5 厘米，步幅约 10 厘米。

3 **貉**

食肉目犬科。栖息在杂树林或山林中。足迹呈梅花形，长 3.5～4 厘米，宽 3～3.5 厘米，步幅为 20～30 厘米。行走时经常用鼻子闻气味，因此足迹左右不齐。

4 **日本貂**

食肉目鼬科。栖息在山林中。足迹没有固定的形状，不过四只足的足迹通常都集中在一处。前足足迹长 3.5～4 厘米，后足足迹长 4～5 厘米，宽 3～3.5 厘米，步幅约 25 厘米。

5 **大林姬鼠**

啮齿目鼠科。广泛栖息于森林到农田中。平时总在地下或落叶上活动，因此只有在雪地上才能发现它们的足迹。后足足迹长 2～2.8 厘米，宽约 0.7 厘米，步幅约 1.5 厘米。

雪地
上的
足迹

6 大斑啄木鸟

鴷形目啄木鸟科。栖息在杂树林等地。体形和灰椋鸟差不多。停在树上时，双脚紧紧抓住树干，用嘴在树干上啄洞，啄食里面的小虫。不擅长行走，基本在树上活动。

7 长尾林鸮

鸮形目鸱鸮科。栖息在森林深处。体形和大嘴乌鸦差不多。夜间，用强有力的爪抓住在雪地上奔跑的猎物后直接飞走，不会留下足迹。进食时直接吞下猎物，再吐出骨头和皮毛。

8 野兔

兔形目兔科。栖息在山地或村落附近的小山上。行动时一蹦一跳，因此后足足迹左右并排呈现。后足足迹长约 14 厘米，宽 5～6 厘米，步幅 30～50 厘米。

9 狐

食肉目犬科。栖息在平地到山地的森林中。外形和狗相似，但狐的身体更加细长。足迹一直在一条线上，前后足足迹重合。足迹长 4～5 厘米，宽 3～4 厘米，步幅 30～50 厘米。

10 梅花鹿

偶蹄目鹿科。不喜欢厚厚的积雪，因此冬季会去海拔低的地区栖息。足迹形似两弯并排的半月。前后足的足迹重叠。足迹长约 5.5 厘米，宽约 4.5 厘米，步幅约 40 厘米。

冬天有趣的动物大追踪

白雪皑皑的冬季原野上，
散落着动物的足迹、粪便和食物残渣。
观察动物留下的这些痕迹，
分析它们是哪种动物在什么状态下留下的，
这就是动物大追踪。

↓动物大追踪需要哪些工具？

你需要观察食物残渣等物体的放大镜，测量足迹步幅的尺子，捡拾粪便和羽毛等物体的镊子，携带捡拾物的塑料袋，再准备一个口哨，以备迷路时呼救之用。用笔记本及时记录下观察到的事物也很重要。

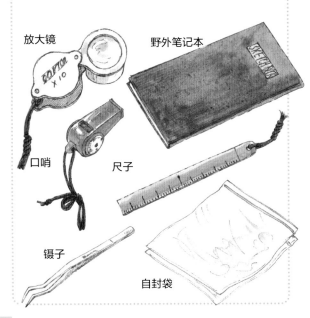

放大镜　野外笔记本
口哨
尺子
镊子
自封袋

这是什么动物的足迹啊？

跑出和它一样的足迹，会不会就知道了？

我知道了！是兔子！兔子原来是这样跑的啊。

感觉有点臭？

这是尿迹呢……

树下好像有些垃圾。这是什么啊？

里面有老鼠的骨头，看来是长尾林鸮的唾余。

原来如此！

● 唾余就是长尾林鸮吐出的丸状物，由猎物的骨骼等组成。

掌握足迹的基本类型

不同动物的足迹形状、步幅等各不相同。掌握足迹的基本类型，就能马上辨认出这是哪种动物留下的。

大林姬鼠

一对对小小的足迹排成一条直线。在雪地以外的地方很少见到。

野兔

前面的大足迹左右一对，后面的小足迹前后一对。特点鲜明，很容易辨别。

鬣羚 lie

和鹿的足迹很接近，但鬣羚总是单独行动。

貉

和狐狸的足迹很像，但狐狸的足迹呈一条直线，而貉的足迹是折线型的。

北松鼠

一对大足迹的后面跟着一对小足迹，足迹呈一条直线。多见于树木周围。

雪地行走的装备

你或许想不到，在雪地上行走很容易出汗。

最好穿很多件较薄的衣服，确保能随时穿脱，调节体温。

外套和外裤建议选择面料像雨衣一样具有防水功能的，防止吸收汗液和湿气。

另外，别忘记穿上雪鞋，以免脚陷入雪中。

■ 墨镜

■ 日用背包

■ 望远镜

■ 雪鞋

柏饼：日式点心的一种。用柏叶包裹着饼制成，通常在端午节时用作供奉。

孢子：真菌和某些植物形成并释放出的一种能直接或间接发育成新个体的生殖细胞。

赤玉土：由火山灰堆积而成的一种土壤，多用于园艺。

触角：昆虫的感觉器官，具有嗅觉和触觉，有的还具有听觉。

春之七草：日本人在正月初七食用的七菜粥所用的七种植物，即水芹、荠菜、萝卜、芜菁、鼠曲草、繁缕、稻槎菜。

雌蕊：植物花的雌性生殖器官，通常由柱头、花柱和子房三部分构成。

冬眠：动物在冬季时为了节约体能、熬过严寒而休眠的一种行为。

冬羽：鸟类在夏季繁殖期过后新换的羽毛。

对生：植物叶子在茎枝的每个节上相对地长着两片叶。

萼片：植物花的最外一层组织，能保护花蕾的内部。一圈完整的萼片就叫做"花萼"。

颚：昆虫等节肢动物摄取食物的器官。

副萼：某些植物的花萼外的一圈绿色叶状的萼片。

孵化：动物在卵中发育完全后破卵而出的过程。

复眼：由多个小眼组成的视觉器官。

共生：两种不同的生物之间形成的紧密互利关系。

光合作用：在太阳光的作用下，植物中水和二氧化碳转化成糖的反应。

候鸟：随季节变化进行周期性迁徙的鸟类。

互生：植物叶子在茎枝的每个节上只有一片叶子，交互相间生于两侧。

花冠：一朵花所有花瓣的总称。

交尾：特指昆虫类、鸟类、鱼类、爬行类、两栖类中雌性动物与雄性动物的交配行为。

近缘种：亲缘关系很近的物种。

口器：节肢动物口两侧的器官，有摄取食物和感受感觉等作用。

栗苞：栗子外部包裹的一层带尖刺的壳。

旅鸟：迁徙途中经过某一地区，但并不在这里过冬或繁殖的鸟，就称为这一地区的旅鸟。

迁徙：动物由于繁殖、觅食、气候变化等原因而进行一定距离的迁移。

缺刻：叶片边缘凹凸不齐。

特有种：因历史、生态或生理因素等原因，只在某一地区分布的物种。

蜕皮：脱去外皮。许多节肢动物和爬行动物在生长过程中脱去旧外皮长出新外皮的现象。

夏羽：鸟类在冬季和春季新换的羽毛，也称为"婚羽"。

香菇段木：人们栽培香菇时，为了方便运输和管理，按一定长度锯成的短段原木。

雄蕊：植物花的雄性生殖器官。

休耕地：闲置起来以备耕种的耕地。

厣：蜗牛壳开口处的壳盖，可以封堵壳口。

叶绿素：植物进行光合作用的叶绿体中的绿色色素。

蛹：一些昆虫从幼虫变化到成虫的一种过渡形态。

羽化：昆虫由蛹变成成虫的过程。

后 记

从宇宙遥望地球，这颗蓝色的星球闪耀着夺目的光彩，美得令月球也黯然失色，让人感觉充满了生机与活力。

我曾在震中位置亲历了中越大地震。在那次地震中，我深切地体会到，地球就是一个活着的生命。在美丽的外表之下，地球内部蕴藏着远超人类想象的惊人能量。

地球的中心是温度为 6000 摄氏度的地核。从 46 亿年前诞生至今，它一直不知疲倦地燃烧着。地核的外层是地幔，熔化的岩石像血液一样在地球内部流转。地幔的外层是十几块覆盖在表面的巨大地壳板块，它们在地幔的牵引下永不停息地运动着。板块之间的错位或裂开，就会引发地震。

曾繁荣一时的恐龙世界因大陆分裂和冰河而灭绝（更普遍的说法是小行星撞击地球造成的），地球上的能量不断爆发，上演着灭绝与新生的循环。这一循环从古至今一直在进行，未来也将一直延续。不论我们是否愿意，我们都生活在这个可怕的地球上。与其畏惧天灾，不如更深入地了解这种畏惧心理的来源——地球，了解人类生存必不可少的各种生命体，将自己视为地球上的无数生命中的一员，与大自然共同生存下去。

基于我的亲身经历，我在这本书中介绍了与生活在人类周围的友好同伴们打交道的方法。培养对大自然的兴趣是了解地球的关键，而认识身边的生命则是培养兴趣的第一步。高山、森林、农田、河流、海边等贴近人们生活的自然生态环境就是山野。希望我们将祖辈们守护下来的富饶的故乡，完好无缺地传承给我们的子孙后代，让百年后、千年后的人们也能享受到快乐、美丽、丰茂的大自然。

松冈达英

NOASOBI O TANOSHIMU SATOYAMA HYAKU NEN ZUKAN
by Tatsuhide MATSUOKA
© 2008 Tatsuhide MATSUOKA
All rights reserved.
Original Japanese edition published by SHOGAKUKAN.
Chinese translation rights in China (excluding Hong kong, Macao and Taiwan)
arranged with SHOGAKUKAN through Shanghai Viz Communication Inc.

著作权合同登记图字：10-2019-290

设　　计　[日]冈孝治　[日]椋本完二郎
统筹·文　[日]松村由美子
编辑协助　[日]清水洋美

图书在版编目 (CIP) 数据

山野郊游图鉴 ／（日）松冈达英著；程雨枫译. ——
南京 ：江苏凤凰少年儿童出版社，2019.6
  ISBN 978-7-5584-1426-8

  Ⅰ．①山… Ⅱ．①松… ②程… Ⅲ．①自然科学－儿
童读物 Ⅳ．①N49

中国版本图书馆CIP数据核字(2019)第096742号

书　　　名	山野郊游图鉴

著　　　者	[日]松冈达英
译　　　者	程雨枫
责任编辑	陈艳梅　张婷芳
助理编辑	朱其娣
特约编辑	余雯静　黄　刚
美术编辑	徐　劼　陈　玲
内文制作	陈　玲
责任印制	廖　龙
出版发行	江苏凤凰少年儿童出版社
地　　　址	南京市湖南路1号A楼，邮编：210009
印　　　刷	北京利丰雅高长城印刷有限公司
开　　　本	635毫米×965毫米　1/8
印　　　张	12
版　　　次	2019年9月第1版　2022年5月第3次印刷
书　　　号	ISBN 978-7-5584-1426-8
定　　　价	98.00元